外皮酥脆×內層鬆彈×零失敗

用家用烤箱做
法國長棍麵包

Murayoshi Masayuki／著
徐瑜芳／譯

前言

在18歲的時候，
我來到了憧憬的東京，並在雜誌上介紹的店裡遇見
稱為「baguette」、「flûte」、「bâtard」、「boule」的麵包。
它們是用同樣麵團製成、但形狀不同的法國麵包，所以用名稱來區分種類。
當我知道法國麵包因為大小、長度、刀痕數量而有不同的名稱，
還會依種類搭配不同的餐點時，心中不禁驚嘆「真是太時髦了！」。

法國麵包的法文是「pain traditionnel」，
意思是「傳統麵包」。
除了無酵餅之外，材料配方最單純的就是法國麵包。
也因此，材料的選擇及製作手法左右了最終的成品。
可以說是將烘焙者的技術完全展現出來的麵包。

常有人以為單純的東西「做起來也很簡單」，
老實說，使用家庭用烤箱製作法國麵包其實非常困難。
製作麵團時要很專心，還要注意發酵環境，
並且必須熟悉烘烤設備的性能。
愈是要求正統的法國麵包，
對一般家庭而言要跨越的障礙就愈高。

我也曾經與這面高牆搏鬥許久。
不管烘烤幾次都以失敗收場，並在下次烘烤時繼續嘗試各種方法。

這本書是我半年來每天烘烤法國麵包時記錄下來的「研究筆記」。
我將所有可能避免的失敗和
可能助人獲得初次成功的祕訣
都盡量寫進這本書裡了。

這裡介紹的長棍麵包，是比較適合在家烘烤的Demi-baguette半長棍麵包。
希望這本書能成為各位在家烘烤長棍麵包的指標之一。

Murayoshi Masayuki

contents

前言 ---- 2
關於長棍麵包
認識自製長棍麵包 ---- 5
認識材料 ---- 6
認識道具 ---- 10
關於製作流程 ---- 12
關於烤箱 ---- 16

Lesson 1 動手做這種長棍麵包！ ---- 18

Lesson 2 又粗又長，四道刀痕！ ---- 34

Lesson 3 適合初學者的3種長棍麵包
Type 1 在基本的麵團上簡單劃一刀！一道刀痕 ---- 44
Type 2 不劃刀痕，用剪刀剪開！麥穗麵包 ---- 46
Type 3 一次發酵時間為室溫3小時！優格麵團 ---- 48

Lesson 4 烤出喜歡的長棍麵包
Type 1 柔韌濃郁的長棍麵包 ---- 58
Type 2 酥脆輕盈的長棍麵包 ---- 60
Type 3 稜角分明的長棍麵包 ---- 62
Type 4 香氣撲鼻的長棍麵包 ---- 64
認識麵粉，挑選麵粉 ---- 66

Lesson 5 利用自製酵母做長棍麵包！ ---- 70
自製葡萄乾酵母 ---- 75
更方便的自製酵母 ---- 77

Lesson 6 長棍麵包的變化版本
Type 1 樹葉富加司 ---- 78
Type 2 雜糧麵包 ---- 82
Type 3 綜合穀麥長棍麵包 ---- 86
Type 4 鄉村麵包　黑橄欖＋培根 ---- 88
風乾番茄＋天然起司／
番薯乾＋橘子乾 ---- 93

column 1 長棍麵包的保存及加熱方法 ---- 17
column 2 關於刀痕 ---- 40
column 3 自行調配麵粉的樂趣 ---- 69
column 4 製作長棍麵包Q&A ---- 94

關於本書

・本書介紹的長棍麵包製作環境為室溫20～25℃，濕度50～70%。
・書中的食譜分量為方便在家製作1次的分量。
・食譜中寫的「基本的長棍麵包」指的是Lesson 1「動手做這種長棍麵包！」（p.18～33）製作的長棍麵包。
・一次發酵、醒麵、二次發酵的時間都是參考值，請視麵團的實際情況作調整。
・烘烤前，務必將烤箱預熱至指定的溫度。
・本書記載的烘烤溫度及烘烤時間皆為以家庭用蒸氣烤箱烘烤的數值。不同的烤箱機種及性能會影響實際的烘烤溫度及烘烤時間，烤出來的麵包狀態也不盡相同。請參考書中麵包的完成照，並以食譜上記錄的時間為基準，調整烘烤溫度。
・本書使用的烤盤尺寸約為40×30cm。
・烤盤基本上都放在烤箱的下層。

關於長棍麵包

長棍麵包屬於法國麵包的一種，是以麵粉、水、鹽、酵母等簡單的材料製成的主食麵包。和吐司等其他麵包的不同之處在於，長棍麵包需要用非常高的溫度烘烤。原本置於室溫的麵團放入高溫的烤箱中，受到溫度差的衝擊，氣泡（二氧化碳）會瞬間膨脹，將麵團撐起。膨脹後刀痕（coupe）會裂開，麵包芯也會充滿大大小小的氣孔，形成紋理，接觸到高溫的表面則是會形成酥脆的外皮。

烘烤狀態良好的長棍麵包出爐時會有啪嘰啪嘰的聲音，用手拿取時會覺得實際重量比外表看起來要輕。烘烤不完全的長棍麵包又軟又不酥脆，烤過頭的話則會像木頭一樣硬，而且也不會有聲音。發酵過程順利的話，麵包芯的各處會有許多大小不一的孔洞，雖然體積膨脹變大了，但是麵團不是實心的，所以品嘗時會覺得很輕盈。

要做出外形、口感、味道都符合理想的長棍麵包著實不易，所以才更應該徹底了解材料、使用工具及各個步驟。

刀痕
[coupe]

漂亮地大大裂開的刀痕

外皮
[crust]

烤得金黃酥脆的表皮

麵包芯
[crum]

散布大大小小氣孔的內芯

認識自製長棍麵包

將烤好的長棍麵包切片觀察其斷面，
就能清楚了解自己烤出了什麼樣的長棍麵包。
仔細思考成功和失敗之處，並活用在下次的烘烤，
就一定能提升熟稔的速度。

Check 1 外皮

首先要確認的部分是酥脆的外皮。薄脆的外皮代表麵團的延展性佳。厚厚的外皮代表麵包在烤箱裡烘烤過久。長時間烘烤會使風味流失，變得堅硬且難以下嚥。此外，顏色不夠金黃是因為烤箱預熱不足，烘烤溫度太低，或是因為麵團過度發酵，麵團中的醣分濃度降低，所以無法烤上色。

Check 2 麵包芯

接著要觀察的部分是麵包內層的麵包芯。從麵包芯的狀態就能一眼看出麵團是如何成形，還有在烤箱內是如何受熱膨脹等等。麵包芯帶有光澤且分散著大小不一的漂亮氣孔，就代表發酵進行得很順利。氣孔小且數量不多的話，多半是製作麵團或是整形時有問題。有可能是因為觸碰麵團太多次，破壞了麵團的組織。若麵包芯整體都沒有光澤且氣孔細小，可能是因為加水不足，或是麵粉的吸水時間不夠。

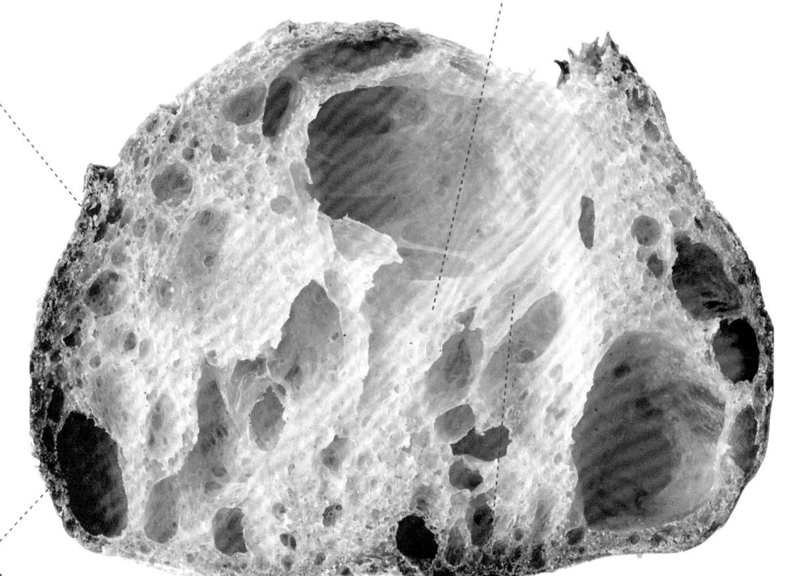

Check 3 氣孔

氣孔的大小及分布狀態等，不僅會影響長棍麵包的口感，風味也完全不同。喜歡輕盈的口感可以做成充滿氣孔的麵包；喜歡Q彈有咬勁的口感的話，氣泡稍微小一點也沒關係。不論是哪種口感，重要的是氣孔要均勻分布在兩端之間，盡量避免烤出只有半邊或是兩端沒有氣孔的長棍麵包。

Check 4 氣泡膜

觀察到這點其實已經接近了狂熱的程度，不過從氣泡膜的薄度和光澤可以看出麵包完成的狀態。麵粉和水分充分融合的麵團，氣泡膜看起來很水潤，而且半透明又帶點光澤感。

認識材料

將麵粉、水、鹽、酵母這4種材料比例均衡地組合在一起，
就能做出美味的長棍麵包。因此，了解各種材料具有什麼樣的性質，
是怎麼結合在一起的，對於做出理想的長棍麵包來說格外重要。

上／高筋麵粉
下／準高筋麵粉

麵粉

麵粉是製作長棍麵包最基本的材料。其主要成分澱粉約占75%、蛋白質大約7～15%、其餘的則是灰分（礦物質）及水分。製作長棍麵包時，最關鍵的是主成分中的澱粉及蛋白質的作用。

在麵粉中加水攪拌，蛋白質會和水結合，形成一種具有黏性及彈性的物質，稱為「麩質」。如同「骨骼」般的網狀麩質遍布在麵團中，形成一層層的薄膜。這些薄膜將酵母發酵產生的二氧化碳鎖在麵團內，在麵團中形成氣泡。進行發酵作用時氣泡會變大，麩質薄膜也會像氣球一樣膨脹，進而使整個麵團膨脹變大。此外，遍布在麵團內的網狀組織可以支撐住膨脹的麵團，使其不致萎縮，烘烤後就能形成堅固的骨架，讓麵包在冷卻後也能保持一樣的形狀。

當麵團經烘烤達到大約60℃時，澱粉就會開始吸收麵團裡的水分，並且糊化。糊化的澱粉會被吸入麩質內側，填補網狀組織的孔洞，形成一層氣泡的防護壁。隨著烘烤溫度升高，澱粉會因為水分蒸發而變硬，膨脹的體積就成了麵包整體的支撐力。

在日本，麵粉一般是以蛋白質含量分類，由多至寡依序為高筋麵粉、中筋麵粉、低筋麵粉。不過，製作長棍麵包時還有一種經常使用的麵粉，就是麵粉製造商開發的「法國麵包專用粉」。這種麵粉的蛋白質含量介於高筋和中筋麵粉之間，屬於準高筋麵粉。相較於高筋麵粉，蛋白質稍微少了些，礦物質則較多。

理想的長棍麵包應該要有酥脆的外皮，濕潤的麵包芯當中散布著大大小小的氣孔。想做出這樣的麵包就必須控制麩質的形成，讓麵團組織保持鬆散的感覺。因為麩質是由蛋白質形成的，所以必須使用蛋白質含量較少的麵粉。但是，低筋麵粉的蛋白質含量又太少了，無法支撐麵團。

近來，可以用來製作長棍麵包的日本麵粉逐漸增加。提高加水量，慢慢攪拌使麩質形成，藉此突顯出高筋麵粉特色，這種能做出美味長棍麵包的製作方法也被廣泛地介紹。

此外，麵粉的種類也是多到令人煩惱的程度。一樣是準高筋麵粉，不同品牌的膨脹力及風味都不一樣；即使是一樣的牌子，也有可能因為製粉時期不同而有差異。本書在介紹各種長棍麵包時指定了最適合的麵粉，各位可以先用指定的麵粉試著做做看。

麵粉拆封後要連同袋子一起放入密封容器中，避免放在水槽底下這種潮濕的地方，要保存在陽光不會直射的陰涼處。高溫多濕的夏天建議放在冰箱冷藏保存。開封後盡量在1～2個月內使用完畢。

水

Contrex 礦翠礦泉水

水對於製作長棍麵包來說，是不可或缺的存在。舉凡促進麵粉中的成分進行作用、使酵母活性化、讓鹽更容易融入麵團中，都是「因為有水」。

本書使用的水是和長棍麵包的發源地法國同樣硬度的水。硬度是水中鈣、鎂含量的指標，根據世界衛生組織（WHO）的分類，硬度0～60mg/ℓ以下為「軟水」，60～120mg/ℓ為「中硬水」，120～180mg/ℓ為「硬水」，180mg/ℓ以上為「超硬水」。硬度高的水喝起來會有苦味及澀味，硬度低的水則是較為清淡柔和，沒有什麼特殊的味道，而中硬水的味道就是介於硬水及軟水之間。法國的水的硬度大約為300mg/ℓ。而本書所採用的是對一般家庭來說比較容易取得硬水的方法，即是以硬度1468mg/ℓ的礦翠礦泉水（Contrex）和30～60mg/ℓ的日本自來水※混合，調整成300mg/ℓ左右。當然，也可以直接以硬度300mg/ℓ左右的市售礦泉水（如evian依雲礦泉水）代替。

水的硬度在製作麵包時會影響麵團的緊實程度。特別是用切麵刀就可以分割開的麵團，如果不使用高硬度的水增強麩質的筋性，烘烤時就無法撐起麵團，而烤出扁塌的麵包。此外，只用軟水做出來的麵團會太黏，不容易整形；但是，若使用硬度太高的水，麩質筋性太強會使發酵速度變慢，烤出來的麵包也會太硬。

其實用日本的自來水就能做出非常美味的長棍麵包了，不過要注意稍微減少水量，確實地將麵團揉至出筋才行。日本自來水做的長棍麵包有著鬆軟的外皮，麵包芯的質地稍微紮實一點，雖然口感和正統的長棍麵包不太一樣，不過很適合用來做三明治和烤吐司等輕食。雖然依喜歡的口感來選擇要使用哪種水也是製作長棍麵包的樂趣之一，不過，以做出外皮酥脆、麵包芯鬆軟又濕潤的長棍麵包為目標的話，還是先用硬度300mg/ℓ左右的水做做看吧。

※譯註：台灣本島的水質，愈往北水質愈軟，愈往南水質愈硬，飲用水標準為硬度300mg/ℓ以下，整體硬度介於80～300mg/ℓ之間。

鹽

上／岩鹽　中・下／海鹽

對於使用最低限度的材料製成的長棍麵包來說，鹽是非常重要的調味料。加鹽不只可以增添鹹味，還能突顯出麵粉的鮮味及風味。此外，鹽還有讓麩質變緊實進而使麵團出筋利於操作、控制發酵速度及抑制雜菌繁殖等功用。加入的分量雖然不多，卻是十分重要的角色。

製作麵團時，鹽是要一開始就加，還是過程中再加呢？加鹽的時機取決於想要做出什麼樣的麵包。一開始就加鹽的方式，因為鹽能充分地融入麵團中，所以能混合得很均勻，麵團也會變得緊實有彈性。另一種方法，也是本書採用的方式，是在過程中加鹽抑制麩質形成的「水合法」（參照p.13），用這種作法製作的麵團柔軟又有彈性，而且因為提高了酵母的活性化，發酵速度也會變快。

使用的鹽依喜好挑選即可。本書使用味道甘甜、香氣明顯但鮮味較弱的麵粉時，會搭配味道溫醇的海鹽；使用鮮味明顯，特色較強烈的麵粉時會搭配鹹味較刺激的岩鹽。還有，為了使少量的酵母及粉類也能順利地發酵，鹽分的烘焙百分比（參照p.12）大概在1.8～1.9%。減少鹽的分量會抑制發酵、不易出筋、容易塌陷且難以上色，所以不建議大幅減少鹽的分量。

酵母

上／培養液
中／市售天然酵母
下／速發乾酵母

「Yeast」是酵母菌的一種，當水分及溫度的條件達標時，就會將麵團中的糖分（葡萄糖、果糖）轉化為二氧化碳和酒精，這個過程稱為酒精發酵。此時發酵所產生的二氧化碳形成氣泡，被包覆在麩質薄膜中，並且撐起周圍的麵團，使整體膨脹起來。而且，過程中產生的酒精可以增加麵團的彈性，並且提升麵包的風味及鮮味。

酵母在28～32℃時活動力最旺盛，超過38℃活動力就會下降，60℃以上酵母會死亡。溫度太低的話也會降低酵母的活性，4℃以下時酵母會進入休眠狀態，停止活動。為了使酵母保持活性，除了考慮麵團的狀態之外，維持適當的溫度也很重要。

酵母原本是一種存在於自然界的微生物，英文為「yeast」，是真菌類單細胞生物的總稱。酵母存在於大氣、穀物及果實等各種地方，種類也有上百種。日本一般說的yeast，是指當中最適合用來做麵包，以工業方式純粹培養的酵母。雖然在工廠以人工大量生產的酵母給人「對身體健康有害」的印象，不過這種酵母其實是一群具有讓麵包膨脹的特殊才能、專業的選手集團。其發酵力強，發酵的效果安定，操作上也很容易。

酵母分為新鮮酵母和乾酵母兩種。前者是純粹培養後去除水分，使其變成塊狀，使用時只要溶入水中即可。因為是新鮮酵母，所以保存性低，需放置於冷藏保存，並且要在約2週內使用完畢。乾酵母則是在製造新鮮酵母的最終階段後將其乾燥，並且製成粒狀。使用前要用5～6倍的溫水泡開，預備發酵。速發乾酵母則是省略了預備發酵的步驟，其最大的特色是直接混入麵粉和水中就能使用。乾酵母及速發乾酵母都要避免接觸到空氣，放在密閉、沒有濕氣的低溫場所大約可以保存1年。本書提出的長棍麵包作法是使用最少量的速發乾酵母，讓麵團慢慢地發酵，突顯出麵粉的風味。

天然酵母是指附著在穀物及水果上的酵母。用這種酵母製作培養液，加入麵粉中發酵的天然酵母稱為自製酵種。使用這種酵種製成的長棍麵包具有獨特的風味及酸味，根據不同的素材，在味道上還會有不同的變化。市面上也有販售天然酵母，使用方式和乾酵母一樣。

不論是人工培養的酵母或天然酵母，都是存在於自然界的真菌類生物。並不是隨便用哪一種酵母都能做出美味的麵包，應該依照想要製作的麵包種類選擇合適的酵母。

麥芽精

麥芽精

麥芽精是以發芽的大麥熬煮製成的濃縮精華，又稱為麥芽糖漿。

麵包之所以會膨脹是因為酵母從糖分中取得養分後進行發酵作用，產生氣泡，將麵團撐起。但是，長棍麵包中因為沒有加入砂糖，作為酵母營養來源的糖分非常稀少，再加上酵母本身的量也很少，所以不容易產生二氧化碳，發酵狀態不太安定。填補這個缺點的正是麥芽精。麥芽精可以當作酵母的營養來源，促使發酵作用穩定進行。此外，麥芽精中的麥芽糖還能加深外皮的焦色，增添香氣。

具有很強黏性的麥芽精，使用之前要先加水溶開。因為容易滋生雜菌，所以取用時務必使用乾淨的橡皮刮刀或湯匙等。開封後要放入密封容器中避免乾燥，並且冷藏保存。可以保存2～3個月。

認識道具

這邊要介紹在家製作美味又漂亮的長棍麵包需要準備的基本道具。
大部分都是買了之後可以長期使用的工具，所以盡量挑選順手、好用的工具。

A 缽盆

直徑大約20cm的缽盆。材料放入後就滿到邊緣的小缽盆，沒辦法在盆中進行攪拌和折疊的作業。請準備稍微大一點的缽盆。

B 露營用耐熱防火手套

一般的家用耐熱手套或是雙層棉紗手套經過烘烤溫度250℃的反覆作業，會漸漸融化、磨損，手套破洞會有燙傷的危險。為了作業安全，請挑選牢固的手套。

C 木匙

可以輕柔地攪拌麵粉和水的道具。橡皮刮刀有彈性，會彎曲壓到盆子側邊，攪拌時會施力在麵團上。

D 溫度計

測量水溫及麵團溫度時使用。建議使用探針式電子顯示溫度計，不僅可以減少麵團的損傷，還能即時測量中心溫度，數字顯示也很清楚。

E 切麵刀（刮板）

可以撈取麵團、整形、切割，宛如指尖和手的延伸，可以操作很多纖細的作業。請挑選用起來順手，有點「彈力」又能感覺到「硬度」的切麵刀。

F 噴霧器

烘烤前在麵團上噴水，或是代替電烤箱的蒸氣功能直接噴霧時使用。用噴霧器噴出的細緻水珠不會造成麵團的負擔。建議使用噴射力道輕巧，一次可以噴出大量水霧的噴霧器。

G 毛刷

用來刷除附著在麵團上多餘的麵粉。帶點「彈力」的毛刷會比較好用。刷除餘粉時，將刷毛直立的話會傷到麵團，因此要將刷毛稍微傾斜，並注意不要用力壓到麵團上。

H 麵包整形刀

在麵包上切割刀痕專用的刀子。建議選用刀刃和刀柄分開的刀組。剃刀狀的刀片兩側都有刀刃，上面有幾個組裝用的孔洞，不論麵團是直放或橫放，都可以用左右兩邊的刀刃切割，還能依自己順手的拿法調整刀刃的角度。使用後以濕布擦除髒污，等完全晾乾再收起來。

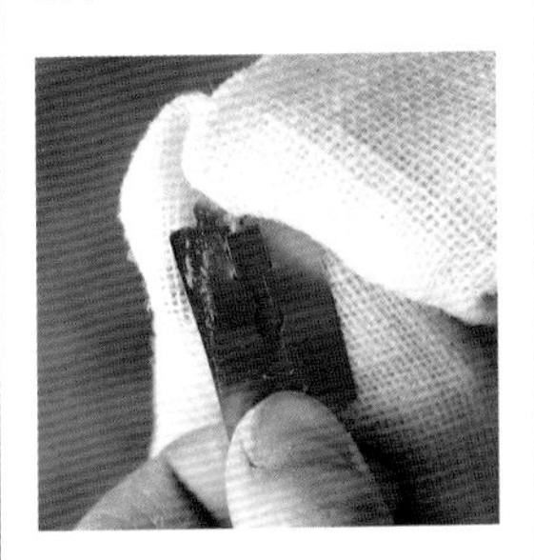

I 小型打蛋器

將麥芽精溶入水中等時候可以使用。

J 茶篩

均勻撒上手粉時使用。在麵團上撒手粉時，不是拿著茶篩左右搖晃，而是用另一隻手輕輕敲打茶篩，使手粉散落。因為大部分的手粉都會混入麵團中，所以盡量將手粉控制在最少量。

K 計時器

測量發酵、靜置醒麵及烘烤的時間使用。建議使用數字顯示清晰的電子計時器。

L 移麵板（活頁夾封面紙板）

因為適合家用烤箱的移麵板不太好找，試過很多替代品之後覺得最適合的是活頁夾的封面紙板。因為是非常硬的厚紙板，即使放上麵團用單手拿也不會彎曲。而且，外層包著布的部分的彎曲角度正好適合用手拿取，拿起來很方便，很推薦各位使用。本書主要使用的是A4直式的規格。

M 電子秤

具有可以測量到0.1g的精密測量模式及扣重功能的電子秤很方便。

N 保存容器

麵團發酵時使用的聚丙烯（塑膠）半透明保鮮盒。長156×寬156×高53mm，內容量700mℓ的尺寸最適合盛裝本書製作的麵團分量。

O 塑膠布

用來覆蓋麵團，防止乾燥。一般常用的濕布會因為蒸發作用而降低麵團的溫度。而且，黏在濕布上的麵團不容易剝下來，受損的麵團也無法復原。加水量多的長棍麵包麵團不需要再加濕，只要覆蓋表面防止乾燥就好，因此，可以使用這種黏住也能輕鬆拆下的塑膠布，而且還能重複使用。本書是將醃漬用塑膠袋裁成布片狀使用。

P 擀麵棍

將麵團均勻延展整形用的工具。木製的擀麵棍使用後絕對不能用水沖洗。日常保養只要用濕布擦除髒污，放在陰涼處完全晾乾就可以了。

Q 烘焙紙

麵團放在熱的烤盤上時，可以利用烘焙紙移動位置。

R 發酵布（帆布）

整形的麵團要進行二次發酵時，撒上手粉後使用。帆布材質不會沾黏麵團，也不會吸收麵團的水分。使用後可以用切麵刀等工具將手粉及殘留的麵團刮除，刮數次後再用水洗過一次就能清除髒污了。

S 杯狀模具

在麵團上覆蓋塑膠布時，為了不讓麵團貼在布上，可以用這種較高的杯狀模具墊高。

T 曬衣夾

將發酵布折出皺折之後，要夾住邊緣才不會鬆開。此時，因為發酵布具有支撐力，即使蓋上塑膠布，也不會緊貼著麵團。

關於製作流程

長棍麵包是怎麼做出來的呢？這裡會依製作流程
一一介紹食譜的相關用語和操作重點。
知道每個步驟的意義是技巧熟練的捷徑。

製作流程

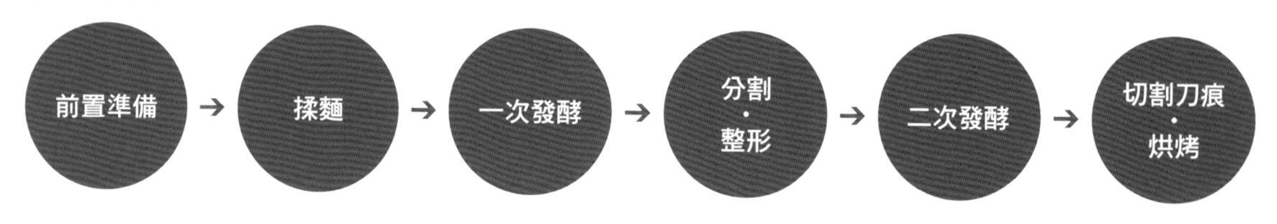

前置準備

製作麵包的環境

製作長棍麵包的理想環境為室溫20～25℃，濕度50～70%。麵團在20℃以下不容易發酵，27℃以上發酵速度又太快，在水分滲透麵粉之前就過度發酵了。製作長棍麵包首先要做的事，就是確認當天的溫度及濕度！如果溫度和濕度都不在理想狀態的範圍內，就要使用空調及加濕器調整。還有，食譜中經常出現的「室溫」都是預設為25℃。

備齊材料及道具

作業開始之前要先把需要的材料分量秤好，道具也要清理乾淨，放在同一個地方。

秤重時要使用可以測量到0.1g的料理秤才夠精確。特別是鹽和酵母等材料，0.1g的誤差就會大幅影響麵團的發酵狀態、成品的口感及風味。如果使用的料理秤沒有精密測量模式的話，不要從多量減少到必要的量，而是要從少量開始增加。即使使用量只有1g，從0.9g變成1g和從2g變成1.9g之間差異其實不小。

麵粉如果是冷藏保存的話，要拿出來回復至室溫，水也要調整至適當的溫度（參照「調整水溫」）。

烘焙百分比

烘焙百分比是以使用的麵粉總量為100%，再計算其他材料（水、酵母、鹽等）和麵粉的比例，以百分比（%）標示。以麵包材料中分量最多的麵粉為100，要將麵粉的分量從多減至少時，就可以用簡單的乘法算出需要的分量了。舉例來說，鹽1.8%在麵粉為200g的時候為200（g）×0.018＝3.6（g），若是麵粉1kg的話就是1000（g）×0.018＝18（g）。在本書中，麵粉都以一般家庭單次使用容易製作的基本分量200g為基準，每種材料都會以公克（g）及烘焙百分比兩種方式標示。想要變更分量的話，請活用烘焙百分比。

調整水溫

麵團攪拌完成時的溫度（攪拌完成溫度）會影響發酵時間。而攪拌完成溫度取決於室溫、材料溫度、攪拌時產生的摩擦溫度等因素，特別是加入麵團中的水的溫度對麵團本身的影響非常大。為了使麵團攪拌完成時能達到讓酵母順利發酵的溫度（攪拌完成溫度），要先調整水溫。要調整至幾度，可以將麵粉溫度、室溫、攪拌時麵團的溫度變化等數值代入以下方程式中計算出來。

3（攪拌完成溫度－攪拌時上升溫度）－（室溫＋麵粉溫度）＝水溫

例：3（20－3）－（25＋24）＝2℃

＊本書的「攪拌完成溫度」為20℃，「攪拌時的上升溫度」假設為3℃。

一般來說，冬天時因為室溫會下降，所以麵粉的溫度也會變低，這時就要使用溫水。但是，酵母在45℃以上的環境中就會死亡，所以也不能用高溫的熱水。像這種時候，就要將缽盆隔水加熱，調整麵團的溫度。

另一方面，夏天時因為室溫升高連帶提升麵粉的溫度，因此，要使用低溫的水。如果已經使用了低溫的水，攪拌完成溫度還是偏高的話，可以將食譜所需分量的麵粉放入冰箱中冷藏，或是將缽盆泡入冰水中隔水降溫，調整麵團的溫度。

揉麵

混合、攪拌揉捏

在加了麥芽精及酵母的水中篩入麵粉，以木匙慢慢地混合。一開始先在中央以劃小圓圈的方式攪拌混合，接著慢慢將攪拌的圓圈擴大。在這個步驟時先不要出力揉捏，輕輕地混合，讓水分融入麵粉中。

接著，想做出外皮酥脆，麵包芯充滿氣孔又蓬鬆濕潤的長棍麵包，需要讓麵團鬆弛一下。為了不讓麵團生成過多的麩質，要使用蛋白質含量偏低的麵粉，並注意不要過度揉捏。像其他麵包使用搥打的方式揉麵的話，會產生大量的麩質，麵團就會變得十分紮實，變成像土司一樣質地綿密的長棍麵包。可以的話，盡量在不揉捏的情況下製造出必要的麩質，這就是長棍麵包需要的拌麵方式。

水合法（Autolyse）

水合法是一種法國麵包麵團的揉麵方式。是由「麵包之神」雷蒙・卡維爾（Raymond Calvel，1913～2005。法國國立麵粉工業學校教授，將法國麵包的作法傳授給日本）於1974年所發明的。

作法是先將麵粉、麥芽精和水攪拌混合好之後，靜置一段時間（至少30分鐘），接著再加入酵母和鹽攪拌成麵團。麵粉和水混合至一定程度後靜置的這段時間可以讓緊繃的麵團鬆弛，提升延展性。而且，麵粉和水充分地融合也能促進麩質形成（水合作用）。此時，因為加入了含有澱粉酶（Amylase）的麥芽精，所以麵粉中的澱粉會被分解成麥芽糖，形成可以讓之後加入的酵母快速發酵的環境。接著加入抑制麩質形成的鹽，使麵團能順利地進行水合作用。在這個狀態下再度揉麵，就能在短時間內做出高品質的麩質了。水合法製作的麵團因為狀態穩定所以容易整形，可以做出延展性佳又充滿小麥風味的麵包。

因為本書的揉麵時間較短，速發乾酵母有可能無法溶解，所以採取了先將麵粉、水、麥芽精及酵母混合，最後再加鹽的方法。

攪拌完成溫度

麵團攪拌完成之後一定要測量攪拌完成溫度。請將麵團揉成一團，將溫度計插入中心測量。本書的攪拌完成溫度為18～22℃，稍微偏低。因為接下來要放在室溫中預備發酵，預估麵團的溫度大約會是24℃，一開始溫度低一點才會在24℃時開始發酵。如果攪拌完成溫度超過25℃，麵團會在進行水合作用前就開始發酵，遇到這種情況時就要縮短一次發酵的時間。若是溫度比預設值還低的話就要延長發酵時間。此外，如果因為氣溫和室溫的影響，攪拌完成溫度可能提升的話，就事先將麵粉放進冰箱冷藏2～3小時吧。反之，如果在溫度可能降低的日子就要提高室溫。

一次發酵

決定美味程度的一次發酵

只用麵粉、水、酵母、鹽製成的長棍麵包，因為沒有加入其他副材料，所以其美味程度取決於發酵。一次發酵不只是讓麵團膨脹，在發酵過程中產生的酒精、乳酸及醋酸等有機酸都會形成風味及香氣，為麵包帶來獨特的味道。還有，揉麵過程中形成的麩質也會變得更柔軟。

因為本書使用的酵母量較少，所以預備發酵後要放到冰箱的蔬果室中發酵12～14小時。這是一次發酵時，酵母開始活躍使麵團膨脹、熟成的時間。將發酵時間拉長，在麵團裡累積多一點發酵產生的酒精及有機酸，就能做出更有深度的味道。溫度6～10℃的蔬果室是最適合長時間發酵的環境。

推薦的發酵用容器

麵團發酵時需要有適當的壓力。理想的情況是將麵團放入大小剛好的容器中進行一次發酵。如果不放入容器中，少了容器的壓力，麵團發酵時就會以扁塌的狀態橫向擴大。如此一來，麵團的分量就不夠，無法形成一個好的麵團。另一方面，如果放進太小的容器中，麵團受到過多壓力筋性會太強。理想的狀態是發酵完成時麵團膨脹的正好填滿容器，最適合的容器大約是麵團發酵前的3倍大。容器的材質為聚丙烯（塑膠製），其光滑的表面比較不容易傷到麵團，而且因為熱傳導率低，放入冰箱的蔬果室時也不會直接接觸到冷氣。本書使用的是長156×寬156×高53mm，內容量700mℓ的塑膠製保存容器（參照p.11、p.94）。

不同季節的室溫變化及發酵時間

一般家庭內，實際上幾乎不會有固定管理溫度和濕度的場所。因此很多人會將麵團放在室溫發酵，但像200～300g這樣少量的麵團很容易受到溫度變化的影響。因此，除了注意水溫及麵團溫度之外，對季節的溫度變化保持敏感，也是製作美味的長棍麵包時非常重要的一環。

	春・秋的室溫（15～20℃）	夏季室溫（28～30℃）	冬季室溫（10～15℃）	空調室溫（20～28℃）
使用速發乾酵母的長棍麵包預備發酵	60分鐘	30分鐘	90分鐘	30～60分鐘
使用自製酵母的長棍麵包一次發酵	6小時	4小時	8小時	4～6小時
使用星野、AKO天然酵母的長棍麵包一次發酵	8小時	6小時	9小時	6～8小時

分割・整形

使用切麵刀下壓切開

觸碰麵團愈多次，麵團愈容易出筋。從容器中取出麵團和分割麵團的時候，都要避免不必要的觸碰，小心輕柔地處理。

分割麵團時要用切麵刀往下壓，切開麵團。千萬不要像用鋸的一樣前後移動切麵刀。這樣做會讓麵團中的氣泡消失，或是破壞斷面部分的麩質網狀組織，使麵團的膨脹效果變差。

想讓分切麵團的重量均等而補充或減少會讓麵團支離破碎，難以成形。絕對不能將麵團切成零碎的小塊，這樣做會傷害麵團組織。分割的麵團大多是正方形，所以預估大概的重量應該不難。分割過程中必須盡可能地減少不必要的動作。

整形重點

麵團的發酵作用是不斷進行的，整形過程中也還是持續地在發酵，使長棍麵包的味道產生變化，也會影響烘烤完成的麵包大小。進行作業的同時要一邊注意麵團的狀態。整形時要求的當然是美觀，不過，要如何快速地整形，又能做出一樣的形狀，還不會傷到麵團或是讓麵團乾掉也很重要。想達到這種境界也只能不斷地練習。雖然很辛苦，但這也是製作長棍麵包的樂趣之一。

二次發酵

放在發酵布上發酵

將整形完成的麵團放在撒了手粉的發酵布（帆布）上，配合麵團形狀將布折出皺折和凹槽。麵團放在布的皺折之間，布就像牆壁一樣，可以防止鬆弛的麵團發酵時橫向塌陷而變形。

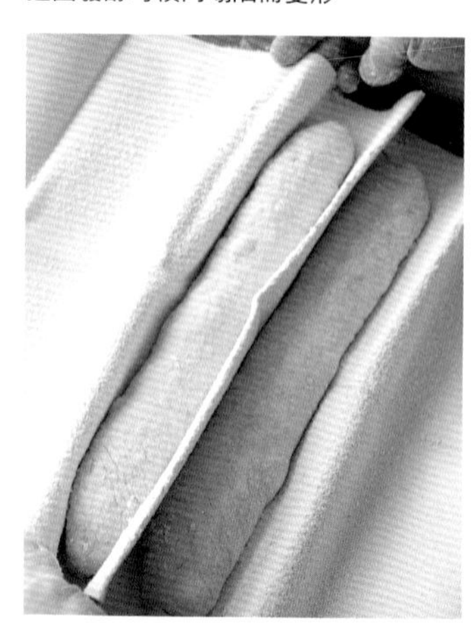

二次發酵的環境溫度

和從無到有的一次發酵不同，二次發酵時發酵作用已經開始，是麵團發酵速度加快的最終階段。也就是說，即使二次發酵時的環境溫度有點變化，也不會使發酵作用停止。當然，夏天的室溫還是會讓發酵速度變快，但是冬天的室溫就不會中止發酵作用或是延緩發酵的時間。

二次發酵的目的是讓因為整形而緊縮的麵團恢復延展性；使麵團熟成，積蓄帶來味道和香氣的成分；還有麵團烘烤時能劇烈地膨脹將刀痕的裂口大幅撐開。本書是將麵團放在27℃以下的室溫中發酵。

切割刀痕

使用移麵板移動麵團

要從發酵布上移取二次發酵的麵團，或是從烤箱中的烤盤中移出麵團時，直接用手拿取會將柔軟的麵團壓扁，麵團也會黏在手上。好不容易完成的麵團就浪費掉了。

這種時候就可以使用不會傷到麵團的道具──移麵板。雖然市面上也有販售現成的商品，不過，將木板或是厚紙板裁成長棍麵包的尺寸等，用手邊現有的材料製作就可以了。本書中使用的就是活頁夾封面的紙板。因為是要放入高溫烤箱中的東西，所以在材料的選擇上還是要特別注意，請準備看起來方便操作的移麵板。

切出漂亮的刀痕形狀

刀痕的法文是「coupe」。長棍麵包在烘烤時和吐司相比之下延展性較差，在表面切出刀痕可以在膨脹時幫助麵團延展。而且，麵團中的壓力可以透過刀痕釋放出來，進而烤出漂亮的長條狀麵包。

烘烤

烤箱要充分預熱

將麵團放入烤箱時，烤箱內的溫度一定要是指定的溫度。因此，事先將烤箱加熱到烘烤溫度的「預熱」動作非常重要。

從低溫開始烘烤的話會拉長烘烤時間，使麵團中的水分蒸發，讓麵包芯變乾，外皮變厚，烤好的長棍麵包整體會變很硬。

長棍麵包主要是受到瞬間由下往上的高溫撐起而膨脹，刀痕也會隨之裂開，因此，要在預熱階段就將烤盤放入烤箱中加熱至非常高溫的狀態。接著，快速地放入麵團後，馬上將烤箱門關上開始烘烤，防止烤箱內溫度下降。從開始烘烤到麵包上色的大約15分鐘內，都不要打開烤箱的門。

本書考慮到將麵團放入烤箱時，烤箱內溫度可能不夠高，因此將預熱溫度調高了30℃左右，放入麵團後再調回原本設定的烘烤溫度。預熱時間要充足，大約從烘烤前30分鐘，麵團快完成二次發酵前開始是最適合的。

噴霧及蒸氣烘烤

麵團放入烤箱時，表面突然接觸到250℃的高溫會瞬間乾燥而變硬，但是麵團內部卻還是生的。本來以為麵團會奮力地膨脹，結果卻沒有如想像中的那樣膨脹起來。這股壓力跑到麵團較脆弱的地方，使麵團出現裂痕和瘤狀的突起。想要預防這個現象的話就要使用噴霧。烘烤前在麵團表面噴霧加濕，可以延緩麵團表面乾燥變硬的時間。再加上烘烤中產生的水蒸氣，麵團整體就會膨脹變大，使刀痕漂亮地裂開，外皮也會變薄，最後會烤出帶有光澤且口感輕盈的成品。

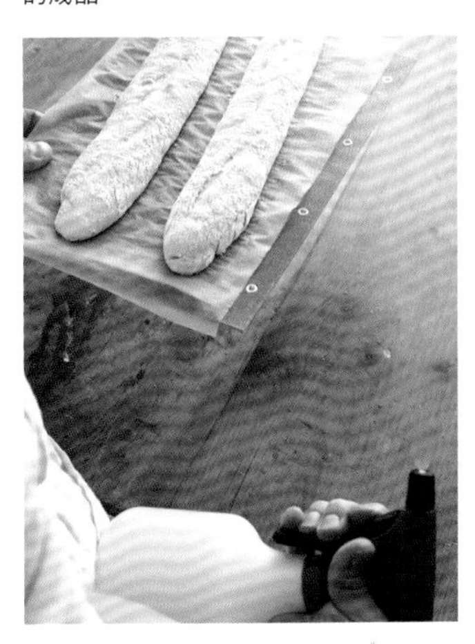

關於烤箱

長棍麵包受到底部高溫後，麵團溫度升高，加上剛烘烤的水蒸氣影響，
麵團會延展膨脹，使刀痕裂開。
不過家用烤箱很難達到最適合烘烤長棍麵包的溫度。
因為烤箱比較小，每次開啟都會使熱度流失，而且熱源在上方，從下方將麵團撐起的熱度也不夠。
還有，麵團開始膨脹要將刀痕撐開的時候，一直旋轉的風扇又會將麵團表面吹乾，
不利於刀痕裂開。即使做麵團時已經很仔細了，最後還是會遇到這個最大的障礙。
充分理解問題點之後就可以盡量針對弱點下功夫了，
一起挑戰用家庭烤箱烤出好吃又漂亮的長棍麵包吧。

不同烤箱的烘烤方式

蒸氣烤箱

這種可以一邊噴出水蒸氣一邊烘烤的機型，最適合用來做長棍麵包。不過，蒸氣功能啟動時風扇還是會照常運轉，這樣特別噴出的水蒸氣就會被吹跑了。剛開始烘烤時需要大量的水蒸氣，可以於放入烤箱前用噴霧器在麵團及烘焙紙上噴灑適量的水分，再放入預熱至高溫的烤盤上，就能烤出漂亮的成品了。如果使用的是水蒸氣量較少的機型，可以在麵團放入烤箱前用噴霧器在烤箱內噴入足夠的水霧。

電烤箱（無蒸氣功能）

使用這種烤箱的重點是如何在開始烘烤時，有效率的產生大量的水蒸氣。其中一種方式就是事先用噴霧器將麵團及烘焙紙噴濕，放入烤箱烘烤前也用噴霧器在烤箱內噴入足夠的水霧。此外，還有以下兩種方法。

・用小石頭（園藝用等）鋪滿另一個烤盤，放進烤箱的最底層，和烤麵包用的烤盤一起預熱，放入麵團時在小石頭上淋上50mℓ熱水。

・將小調理盤或杯狀烤模放入烤箱最底層一起預熱，放入麵團的同時倒進50mℓ熱水。

瓦斯烤箱

為了防止烤箱內的熱風直接接觸到麵團，烘烤時要用深的烤盤（烤箱附的深盤或調理盤、缽盆等）蓋住麵團。因為有加蓋，水蒸氣會被留在蓋起來的空間裡，麵團就不會過度乾燥，也能裂出漂亮的刀痕。瓦斯烤箱每次開關箱門後，烤箱內的溫度回復速度很快，可以利用這點將烘烤過程分成兩階段，一開始先將烤盤蓋住烤10分鐘，接著拿掉上蓋再烤12～15分鐘。因為瓦斯烤箱的火力較強，長棍麵包的尖端可能會烤焦，所以最後的5～6分鐘可以將溫度調降10℃左右，或是提早完成烘烤。

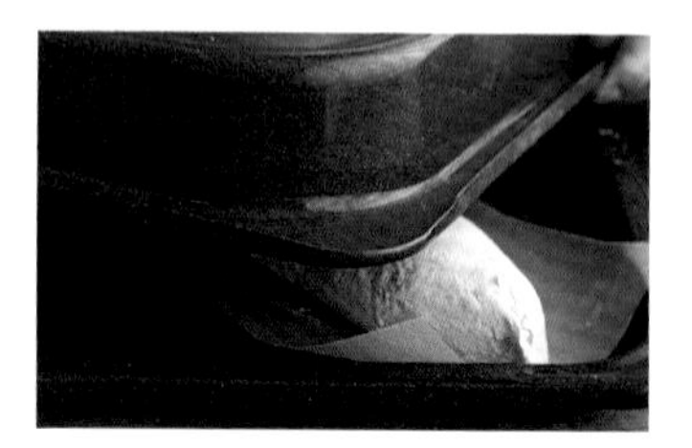

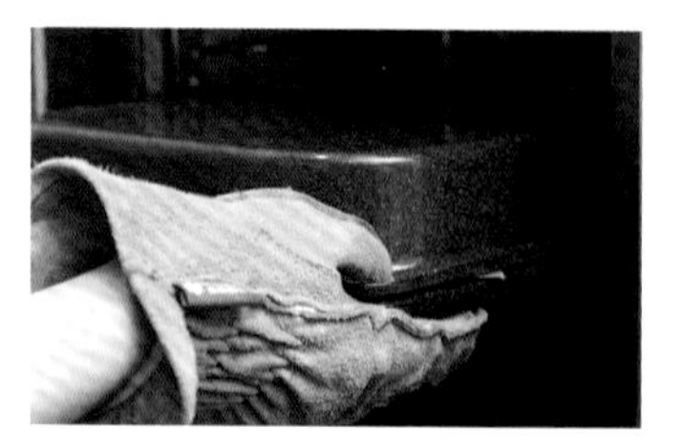

❗ 烤箱的製造商並不推薦在沒有蒸氣功能的烤箱中產生水蒸氣，因為可能造成烤箱故障。想嘗試這種方法的讀者還請自行負責。

column 1

長棍麵包的保存及加熱方法

長棍麵包烤好當天正是它最美味的時候。比起剛出爐的熱麵包，稍微放涼後少了發酵時酵母產生氣體的臭味，小麥的甜味和香氣變得更明顯，能更加體會到長棍麵包特有的美味。但是，因為長棍麵包本來就不適合保存，時間久了風味會隨即變差。不過，如果沒辦法一次吃完，還是會需要保存。這邊介紹幾個保存重點，可以維持麵包的美味。

想將烤好的麵包當成隔天的早餐時

外皮沒有受潮的話直接吃也很美味。而且，這次介紹的長棍麵包因為酵母用量少，所以也沒有令人在意的臭味，只有淡淡的發酵香氣。把外皮噴濕，稍微烤一下就很好吃了。如果只是要放到隔天的話，放入紙袋中或是用布包起來保存都可以。

表面噴霧後再烘烤，就能烤出酥脆的外皮。

若想要長期保存請冷凍保存

想要保存到超過隔天的話要冷凍保存。切成方便吃的大小之後，放進夾鏈袋中，麵包和麵包不要重疊，確實地排出袋內空氣後放入冷凍庫中。家用冰箱的冷凍庫有除霜功能，所以溫度會變動，盡量將麵包放入冷凍庫的深處。順帶一提，千萬不要冷藏保存。設定溫度大約5℃的冷藏室是最容易使長棍麵包品質劣化的環境。冷凍保存的長棍麵包有效期限為2～3週。請趁凍壞或品質變差前食用完畢。

確實地將夾鏈袋中的空氣排出，或是將每一片分別包上保鮮膜也可以。

冷凍後再加熱的方法

烘烤方式

・在冷凍長棍麵包的表面上噴霧，放入充分加熱的小烤箱中或是預熱至200℃的烤箱中烘烤5～7分鐘。將外皮烤至酥脆。

・放入薄紙袋中將袋口封住，用水將紙袋全部沾濕，放入預熱至200℃的烤箱中烘烤8～10分鐘，就能烤出輕盈酥脆的外皮和鬆軟的麵包芯。

蒸煮方式

・放入已經充滿蒸氣的蒸鍋內，用大火蒸2～3分鐘。雖然外皮和麵包芯都會變得軟呼呼的像蒸糕一樣，不過因為有彈性，所以不會糊爛。塗上奶油和果醬一起吃可以享受到不同於一般長棍麵包的風味。在室溫中放了2～3天，沒有冷凍的長棍麵包也推薦用這個方法加熱。

Lesson 1 動手做這種長棍麵包！

使用的麵粉

épais

使用北海道產的中筋麵粉「épais」，烤出來的麵包外皮硬脆，
刀痕裂得又大又漂亮，麵包芯內適當散布大小氣泡，吃起來又甜又有彈性，
配合家用烤箱的尺寸，可以製作2條小的長棍麵包。

[coupe]

刀痕裂口大且飽滿地膨脹

並不是刀痕邊緣愈銳利的長棍麵包就愈美味。使用「épais」製作的長棍麵包如果刀痕裂得均勻又漂亮，麵團從刀痕內側膨脹起來，刀痕邊緣恰到好處地立起來就成功了。

[crum]

坑坑巴巴大小不一的氣孔

麵包芯整體布滿了縱向延展的大小氣孔，含有大量水分，十分濕潤。色澤是「épais」特有的黃色。烘烤時麵團整體會向上膨脹，目標是烤出有彈性的麵包。

[crust]

香酥脆口

香氣撲鼻的金黃外皮，口感彷彿穀片般酥脆。

[shape]

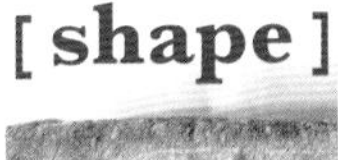

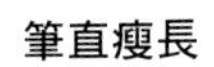

筆直瘦長

想烤出筆直的長棍麵包，在整形時一邊想像著成品的樣子這點很重要。還有，劃出均勻的刀痕，就能烤出筆直不扭曲的長棍麵包。看一下烤好的麵包背面，封口處如果呈現「直線」狀態就代表成功了。

材料（長度約25cm 2條份）	分量	烘焙百分比
北海道中筋麵粉 épais	200g	100%
鹽（海鹽）	3.6g	1.8%
速發乾酵母	0.5g	0.25%
麥芽精	1g	0.5%
水*（調整溫度，參照 p.12）	144g	72%
（Contrex 礦泉水）	（30g）	（15%）
（自來水）	（114g）	（57%）
手粉	適量	

＊使用evian礦泉水的話，就替換全部的水量。

道具

- □ 電子秤
- □ 缽盆
- □ 打蛋器
- □ 溫度計
- □ 計時器
- □ 木匙
- □ 切麵刀
- □ 保鮮膜
- □ 茶篩
- □ 毛刷
- □ 保存容器（700㎖）
- □ 塑膠布（以厚塑膠袋裁開製成）
- □ 杯狀模具
- □ 托盤
- □ 發酵布
- □ 曬衣夾
- □ 移麵板（2片）
- □ 烘焙紙（烤盤尺寸）
- □ 麵包整形刀
- □ 噴霧器
- □ 耐熱防火手套

製作流程

水合作用	30分鐘
攪拌完成溫度	18～22℃
醒麵	30分鐘
	（麵團溫度18～22℃）

→ 一次發酵

預備發酵	室溫40～60分鐘
	（麵團溫度約24℃）
一次發酵	冰箱蔬果室內
	12～14小時
	（麵團溫度8～12℃）

→

醒麵	25～40分鐘
	（麵團溫度12～14℃）

→

二次發酵	室溫25～30分鐘

→

烤箱預熱	280℃
烘烤	250℃ 20～25分鐘
	（蒸氣功能10分鐘）

揉麵

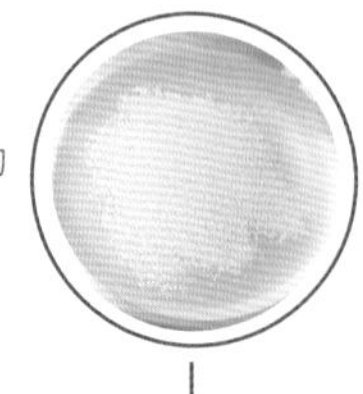

浸泡在水中的酵母。

1
溶解麥芽精

先將麥芽精塗抹在盆底，接著加入礦泉水和水，以打蛋器攪拌使麥芽精溶解。攪拌完成要確認打蛋器上沒有殘留麥芽精。

POINT

因為麥芽精有黏性，所以要先用水將其溶化。

2
確認水溫

加入酵母及麵粉之前一定要先用溫度計測量，確認水溫達到適當的溫度（參照p.12「調整水溫」）。

3
溶解酵母

將酵母撒入**2**中，靜置一下讓酵母吸收水分。

POINT

為了使顆粒狀的酵母能確實溶解，需要先泡一下水。只倒在一個地方的話會結塊，不容易溶解，需特別注意。盡量將酵母撒在盆中的四處。

4
加入麵粉攪拌

將麵粉撒入盆中，以木匙攪拌，讓麵粉吸收水分。

POINT

水分滲透進麵粉中才能產生延展性佳的麩質。雖然也有同時加入鹽的作法，但是因為鹽分會使麩質收縮，所以容易在麩質形成之前先讓麵團的筋性變強，這也是造成麵包芯氣孔細小的原因。想在發酵前提高麵團的延展性的話，採用水合作用後加鹽的方式效果會比較好。

→

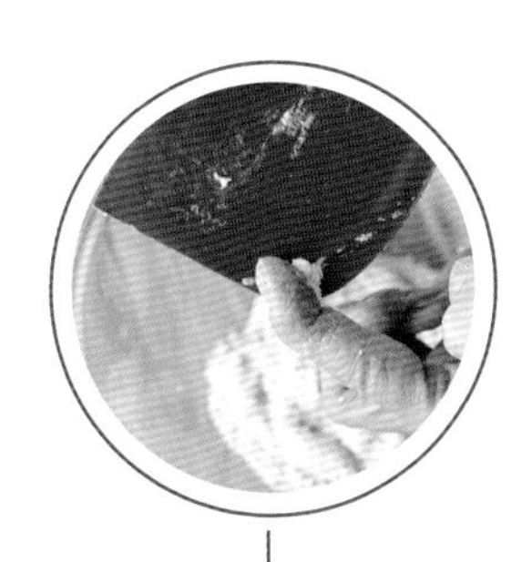

黏在切麵刀上的麵團也用手指搓下來，和盆中的麵團混合。

5
將麵團揉成團

麵粉看起來將水分吸乾之後，就可以用切麵刀一邊輕輕地切拌混合，一邊刮下黏在缽盆側邊的麵團，將麵團整理成一團。

→

麵粉和水分混合完成的狀態。

POINT

這裡的麵團不需要揉到表面變光滑。

6
進行水合作用30分鐘

覆蓋保鮮膜，防止麵團乾燥，放在室溫中靜置30分鐘（水合作用）。

POINT

只是攪拌沒辦法使水分完全滲透進麵粉中，在揉麵前需要靜置一段時間，讓麵粉充分地吸收水分。

→

30分鐘後

水合作用完成。

POINT

吸飽水分後麵團表面也很濕潤。

7

加鹽

POINT

鹽的顆粒較大的話，比較不容易融入麵團中，需特別注意。這裡使用的是海鹽。

將鹽撒入麵團中。

8

將鹽壓入麵團中

POINT

先將手指沾濕，在水分的幫助下鹽會比較容易融入麵團中。而且麵團也不會黏在手指上，比較利於作業。

指尖稍微沾點水，將撒入的鹽壓進麵團。

9

揉麵
60～80次

從外側將麵團拉起，往中心折疊。重複這個動作60～80次。

POINT

到了第30次左右，有些沒有溶化的鹽粒會留在麵團裡。這些鹽粒會使麵團產生強力的筋性，使麵團變得彷彿揉好的一樣光滑。不過，這代表鹽沒有完全融入，麵團的強度也還不夠。這時要繼續折疊，一直揉到表面變粗糙，稍微有點黏性為止。

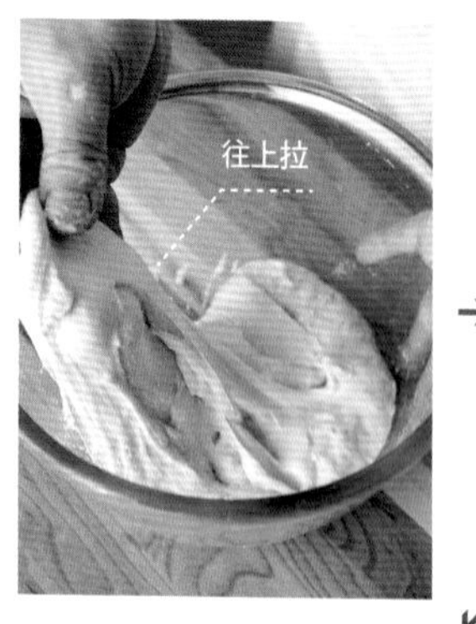

往上拉

POINT

一直揉到表面有點黏，雖然可以捏起來，但是一拉馬上就會斷掉的狀態。

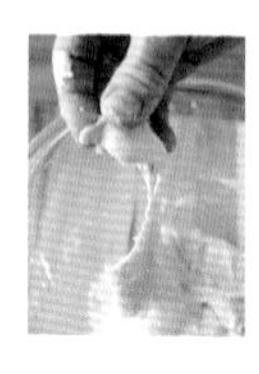

10
測量麵團溫度

測量揉好的麵團的溫度。

POINT

依室溫調整，注意不要讓麵團超過25℃。這裡的麵團應該是18～22℃。

11
醒麵30分鐘

覆蓋保鮮膜，防止麵團乾燥，放在室溫中醒麵30分鐘。

→

30分鐘後

醒麵完成。

POINT

麵團會變得濕潤且鬆弛，而且會稍微開始膨脹。往上拉扯也不會斷掉，可以拉長。

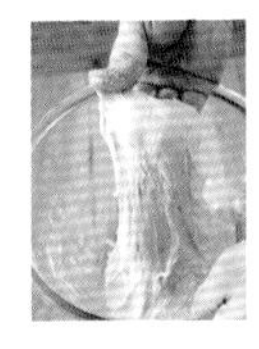

12
測量麵團溫度

完成醒麵之後量一下麵團的溫度。

POINT

依室溫調整，注意不要讓麵團超過25℃。這裡的麵團應該是18～22℃。

一次發酵

13
將麵團放上作業台

從盆中取出麵團。

用茶篩在麵團表面撒上麵粉。

切麵刀也沾上麵粉，插入麵團和缽盆的縫隙之間沿著缽盆翻動一圈，將麵團剝離缽盆。

將缽盆倒過來，等麵團自然落在作業台上。

14
折成三折

將麵團對側和靠身體這側都往內重疊折成三折，接著再從左側和右側往內重疊折成三折。

POINT

折三折可以提高麵團的筋性，並且讓厚度一致。

指尖沾上手粉，將手指伸入麵團底下，從邊緣將麵團拉成正方形。

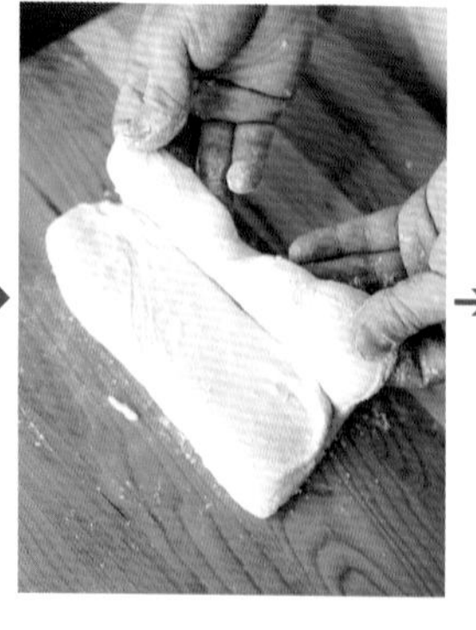

將麵團對側往內折1/3，再將靠身體這側的1/3也往內折，折成三折。

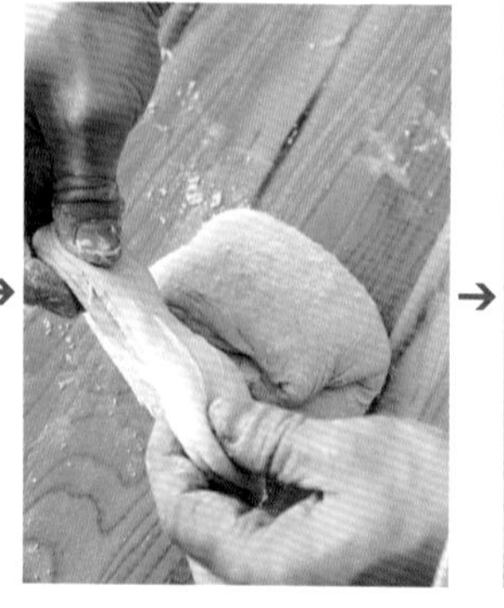

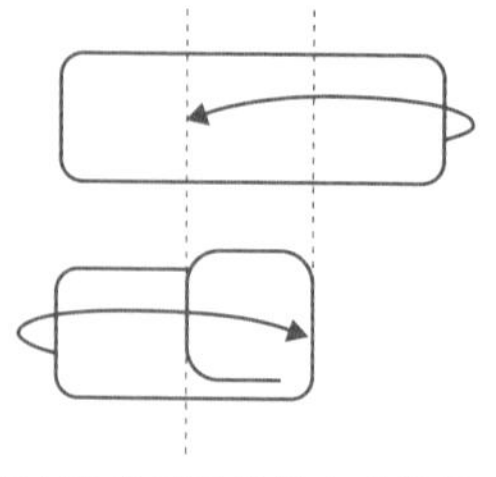

左右方向用同樣的方式折三折。

用切麵刀將麵團翻到另一面。

15
預備發酵

將麵團放入保存容器中，蓋上蓋子，在室溫中靜置40～60分鐘預備發酵。

POINT

預備發酵期間，若室溫上升，麵團溫度也跟著上升至25℃以上的話，不用等40分鐘就可以放入冰箱的蔬果室開始一次發酵了。超過25℃還繼續預備發酵的話，烤出來的長棍麵包外皮會變得非常軟，麵包芯的氣孔也會變得很密，麵包的筋性會太強。

16
在低溫中進行一次發酵

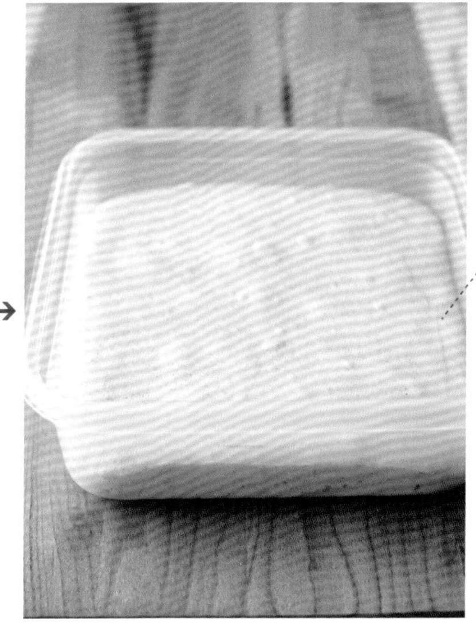

預備發酵完成，麵團變鬆弛後就可以放入冰箱的蔬果室中，以低溫慢慢的發酵12～14小時。

POINT

進行過一次低溫發酵的麵團，表面會均勻地膨脹起來。如果只有中心膨脹起來的話，應該是因為折三折的時候沒有折好，或是發酵不足。此時的麵團溫度為8～12℃。

分割

17
將麵團放上作業台

從保存容器中取出麵團。

POINT

將保存容器倒過來，慢慢等待麵團因為本身的重量掉落在作業台上。用力取出麵團的話，麵團中的氣泡會破掉，烤出沒有氣孔的長棍麵包。

以茶篩在麵團表面撒上麵粉。

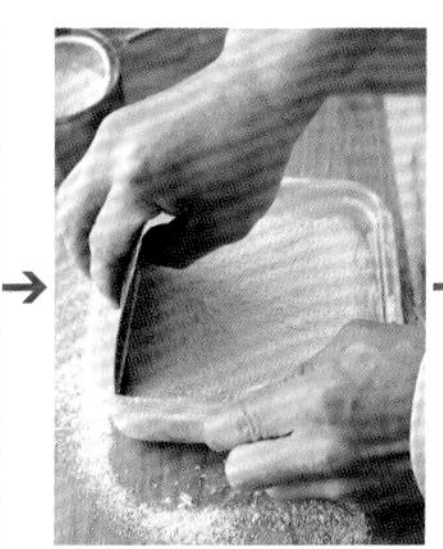

切麵刀也沾上麵粉，插入麵團和容器的縫隙之間沿著容器翻動一圈，將麵團剝離容器。

將容器倒過來，等麵團自然落在作業台上。

18

將麵團分割成兩份

用切麵刀將放在作業台上的麵團分割成兩份。

指尖沾上手粉，將手指伸入麵團底下，從邊緣將麵團拉成正方形。

POINT

操作時動作要輕柔，氣泡才不會破掉。

以茶篩在麵團中央縱向撒上麵粉。

POINT

在要切開的部分撒上麵粉就好了。

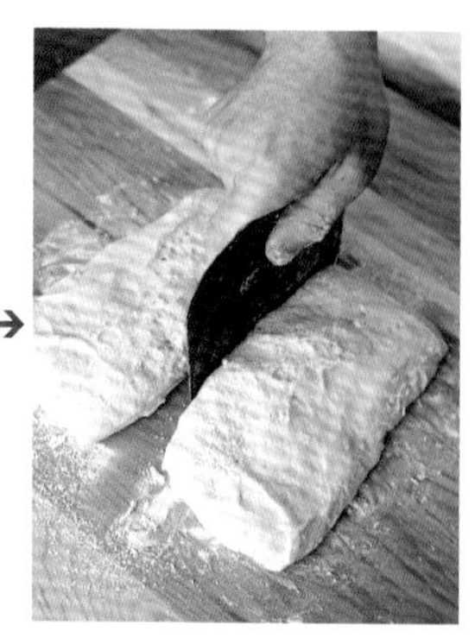

用切麵刀將麵團切一半。

POINT

一口氣壓下切麵刀，將麵團切斷。如果像鋸子一樣前後拉扯切麵刀，斷面會變複雜，在二次發酵或烤好的時候麵包都可能會因此扭曲變形。大概切成一半就好，不需要測量重量再做細微調整。

19

折成三折

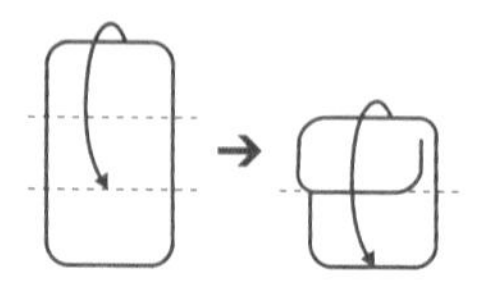

將分割完成的麵團對側往身體側折1/3，接著將重疊的部分再往身體側折起，像是要捲起般折成三折。

POINT

操作時動作要輕柔，避免弄破氣泡。麵團之間的隙縫不用捏起來封住。這個步驟如果沒有均勻地折成三折，會影響烘烤完成的膨脹程度，所以要仔細地折疊。

20

調整形狀

用切麵刀從麵團的四邊往中間壓，將形狀調整成長方形。

POINT

如果折三折之後就已經是漂亮的長方形的話，可以省略這個步驟。不過，分割或折三折進行得不順利的時候，這個步驟多少可以做一些補強。

完成分割、折三折、調整形狀等動作的麵團。另一個麵團也用同樣的方式折三折。

POINT

用毛刷將殘留在麵團表面的麵粉刷掉。麵團上殘留過多麵粉的話，就烤不出濕潤的麵包了。

21
醒麵
25～40分鐘

使用切麵刀將麵團移到烤盤上，蓋上塑膠布防止乾燥，放在室溫中醒麵25～40分鐘。

POINT

烤盤上不用塗油或撒麵粉，也不用鋪烘焙紙，直接放上麵團就可以了。將杯狀模具放在烤盤的四個角落，這樣塑膠布才不會黏在麵團上。

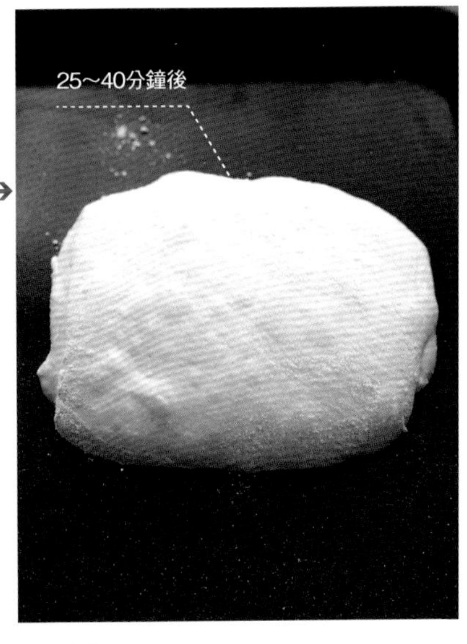

醒麵完成。

POINT

麵團變得鬆弛且變大一圈就可以了。室溫偏高的話要注意麵團溫度。過程中量一下麵團溫度，如果已經變成12～14℃的話，不用等到25分鐘就可以進行下一個步驟了。

整形

22
將麵團放到作業台上

用茶篩在作業台上撒手粉。用切麵刀將麵團從烤盤上拿起來，翻面放到作業台上。

23
調整形狀

指尖沾上手粉，將手指伸入麵團底下，從邊緣將麵團拉成正方形。

POINT

操作時動作要輕柔。

24

折成三折

將麵團對側和靠身體這側都往內折，將麵團折成三折。

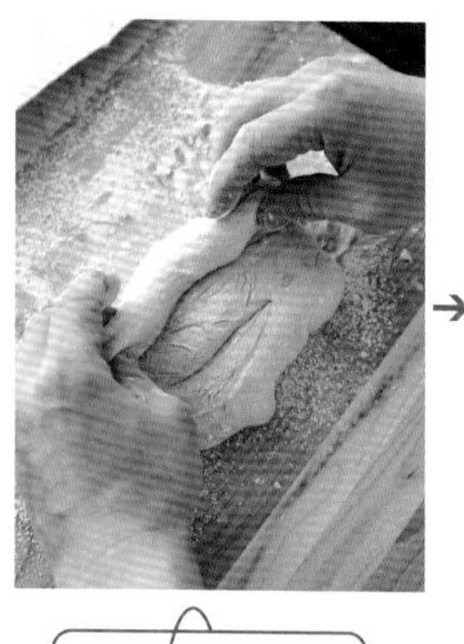

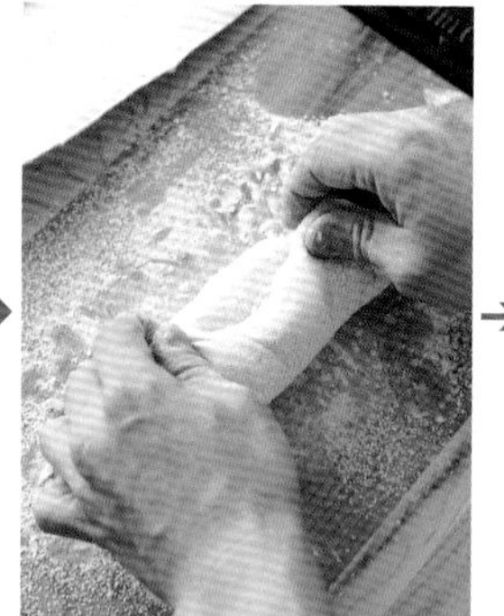

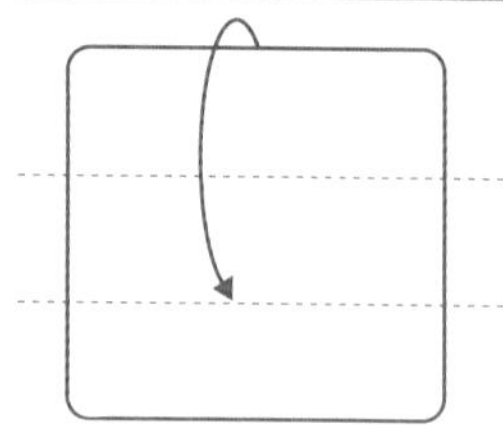

指尖沾上手粉，將麵團對側往中間折1/3。

POINT

輕輕地折疊，不要將麵團壓扁。再用毛刷將多餘的麵粉刷除。

用指尖輕輕地將對折的麵團邊緣往外側的方向輕壓，將縫隙封住。

POINT

往下壓的話麵團會被壓扁，不要太用力。

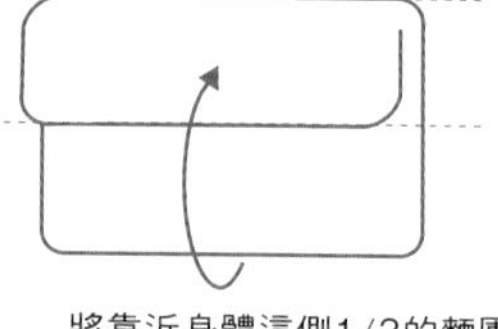

將靠近身體這側1/3的麵團往中間折，大約和中央的麵團重疊1cm寬。

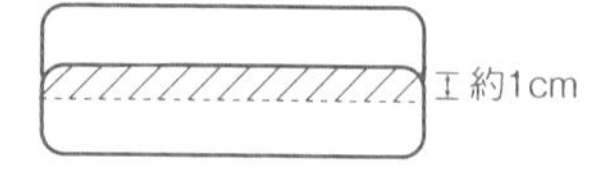

用指尖輕壓將對折的麵團邊緣固定。

25

折一折

再折一折，將上個步驟的封口蓋住。

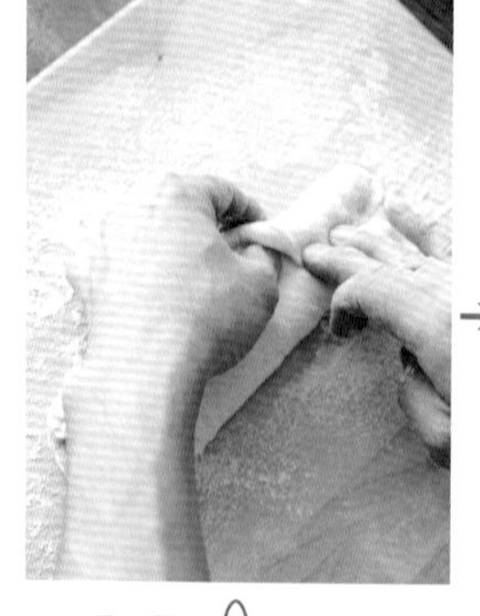

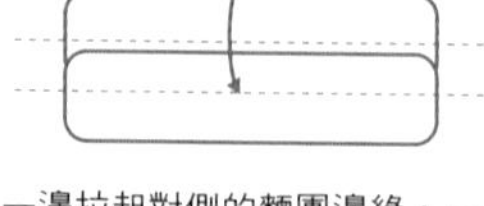

一邊拉起對側的麵團邊緣，一邊用左手大拇指伸進麵團之間固定，將麵團往身體這側折1/3將封口蓋住。

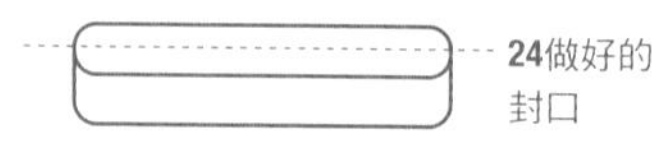

用指尖輕壓將折好的麵團封起來。

26
對折

將麵團對折成長條狀，
再將開口封起。

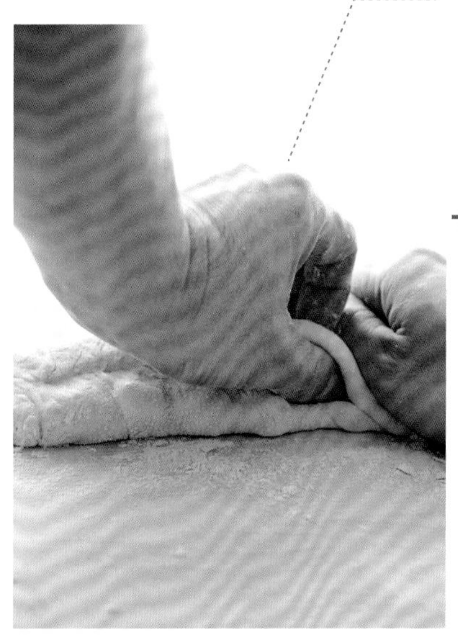

一邊拉起對側的麵團邊緣，一邊用左手大拇指插在麵團之間固定，將麵團往身體這側對折，再用右手掌根部將麵團接合處壓住封起。

→

對折的時候一邊將左手大拇指伸進麵團中壓住，避免內側的麵團往側邊滑動，一邊快速地對折。

→

用手掌根部輕壓麵團接合處，將其封住。

POINT

用手掌根部壓住麵團的時候，麵團表面會因為拉扯而產生彈性。

27
調整形狀

將封口確實地封緊，一邊將麵團滾成均勻的粗度，一邊將長度延展至20cm左右。

將切麵刀插入麵團和作業台之間，將黏在作業台的部分剝離。

→

將封口滾到上方，用大拇指及食指的指腹將封口捏緊。

→

確認封口是不是筆直的。

POINT

封口的線條如果呈現波浪狀，烘烤過程中麵團會扭曲，烤不出筆直的麵包。封口線條只要是直線，就算偏斜也沒關係。

→

將手指放在麵團中央，雙手一邊向左右兩端移動，一邊滾動麵團將其調整成粗度均勻、長度為25cm的棒狀。

POINT

輕輕地滾動不要用力，這樣麵團中的氣泡才不會被壓破。

二次發酵

28 將麵團放到發酵布上

將發酵布折出多個凹槽，將整形過的麵團的封口朝下，放在凹槽中。

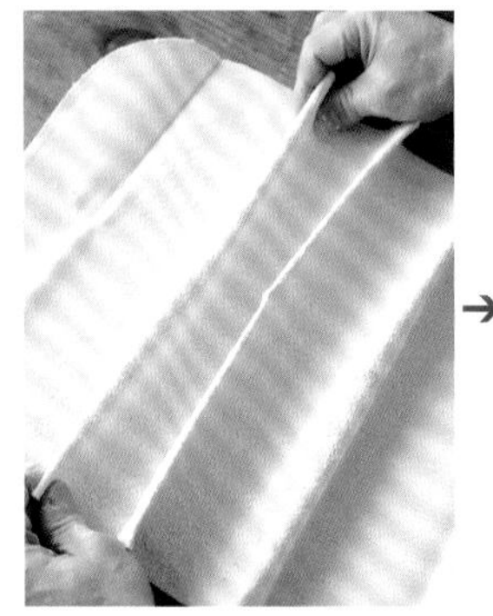

可以將發酵布放在托盤上，用茶篩撒上手粉，折出多個放置麵團的凹槽。

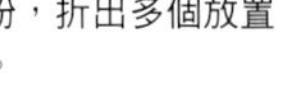

POINT

將發酵布鋪在托盤上，這樣放好麵團之後要移動比較方便。

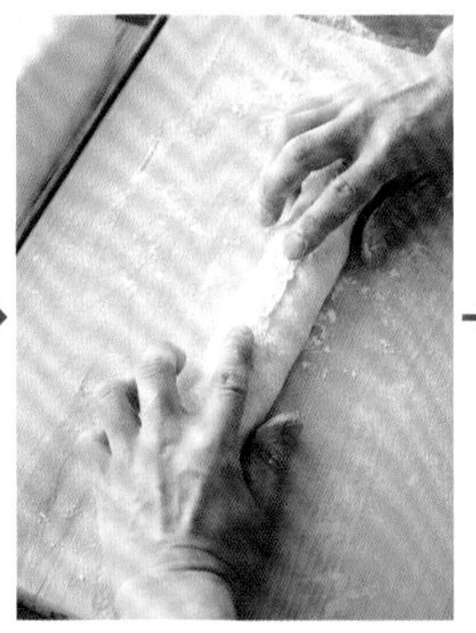

輕輕拿起整形後麵團的左右兩側，並以食指支撐。

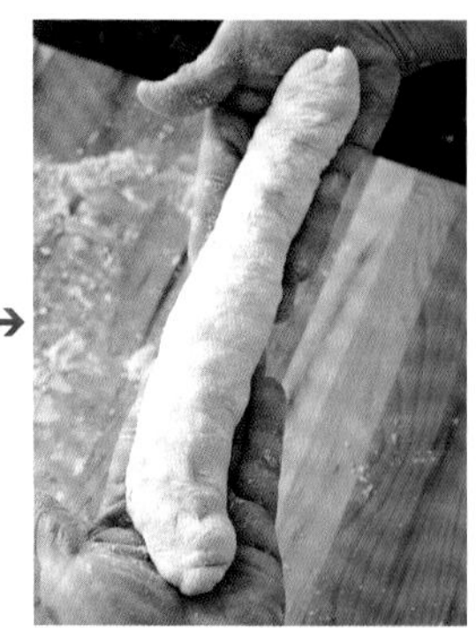

手反過來將麵團拿起，封口朝下。

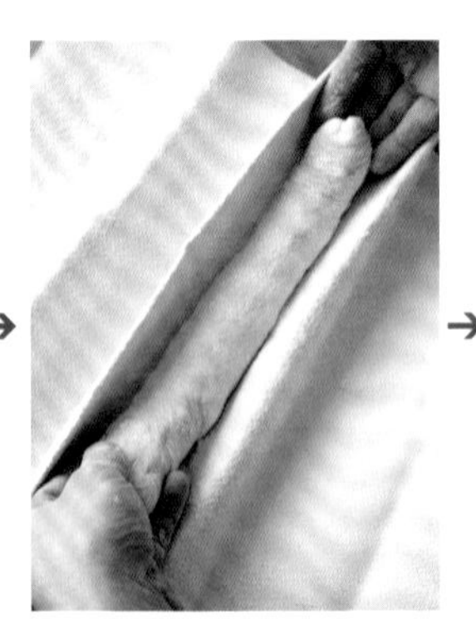

將麵團維持封口朝下的狀態輕輕放進凹槽中。麵團和布的皺折之間要留點空隙，皺折高度比麵團高2cm左右。

POINT

放置麵團時封口要呈直線狀。

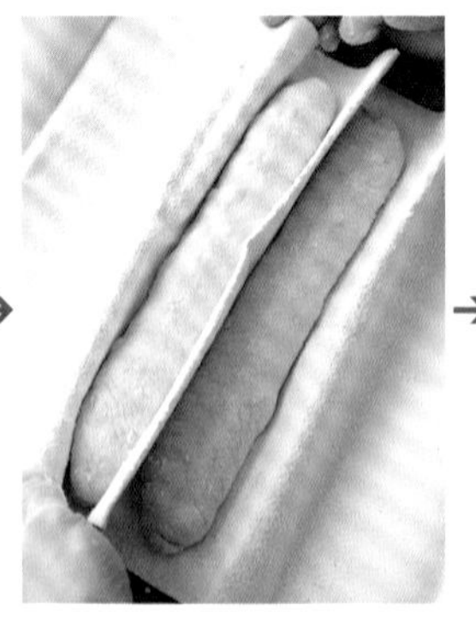

將另一個麵團依**步驟22～27**同樣整形成棒狀，封口朝下放在發酵布上，再將發酵布拉出皺折。

POINT

麵團和布的皺折之間要留一點空隙，並將皺折的高度調整至比麵團高出大約2cm。

將皺折兩端合起來用曬衣夾固定，讓皺折不會散開。

POINT

發酵布皺折形成的牆壁，可以支撐發酵中的鬆軟麵團不會往橫向扁塌變形。

29

二次發酵

蓋上塑膠布防止乾燥，在室溫中靜置25～30分鐘，進行二次發酵。

將塑膠布輕輕蓋在發酵布上，不要碰到麵團，讓麵團在室溫中靜置25～30分鐘，進行二次發酵。

25～30分鐘後

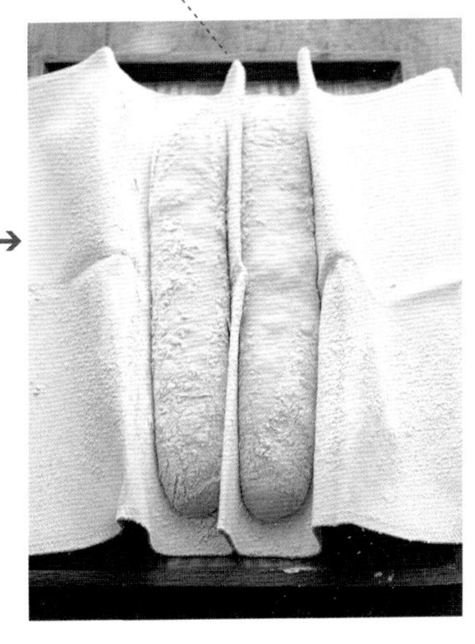

二次發酵完成。

POINT

比整形時大了一倍，就代表二次發酵完成了。

切割刀痕

30

將麵團移到烘焙紙上

將烘焙紙裁成烤盤的尺寸後放到移麵板上。將麵團自發酵布翻面放到另一塊移麵板上，再將麵團翻面，封口朝下放到準備好的烘焙紙上。

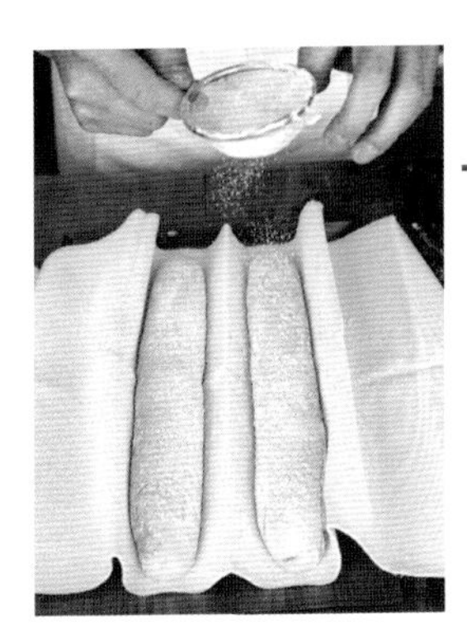

用茶篩在麵團上稍微撒點麵粉。裁一張烤盤大小的烘焙紙放在移麵板上。

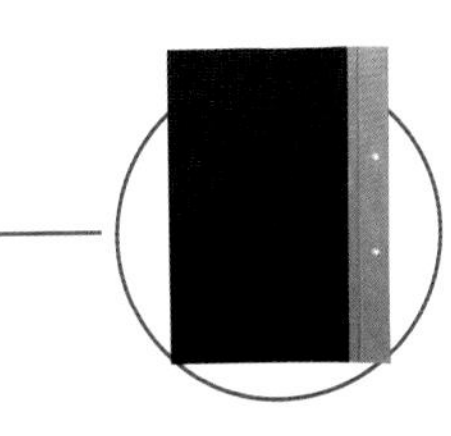

移麵板只要夠硬且偏薄，不管用哪種素材都可以。這裡使用的是厚紙板製成的A4活頁夾封面。

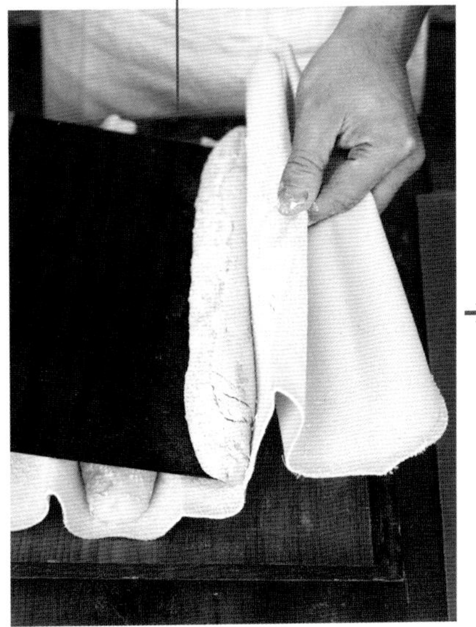

將移麵板靠在麵團旁邊，拉起發酵布讓麵團滾動翻面到移麵板上。

POINT

因為麵團非常軟，用手拿的話會變形，所以才使用移麵板。

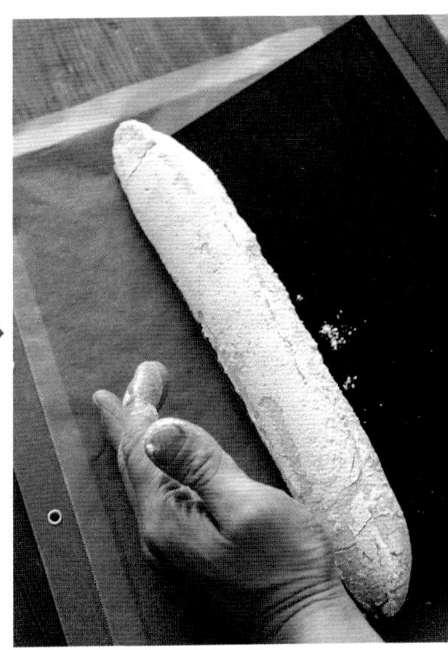

將麵團翻面，封口朝下放到鋪在移麵板的烘焙紙上。另一個麵團也用同樣的方式移到烘焙紙上。

31
切割三道刀痕

用切麵刀的邊角畫出刀痕的描線。先在正中央畫一條直線，再畫三條橫跨中線的斜線。三條斜線的角度盡量保持水平，線和線之間等間隔平行，兩端大約重疊1/3（參照下記）。

用左手輕壓住麵團，輕輕握住刀柄，將整形刀的角度稍微傾斜抵在麵團上，用全部刀刃一口氣切出刀痕。

沒有切到的部分可以沿著剛剛下刀的方向再切一次。

切好三道刀痕的麵團。

POINT
在技巧熟練之前，可以先畫上輔助的描線，才能切出均等的刀痕。

POINT
三條刀痕的長度要一樣，整條刀痕切的深度也要均勻。

8～9cm

重疊約2.5cm

間隔1～1.5cm

約25cm

POINT
用整形刀均勻地施力順暢地往下切，不要像鋸子一樣來回拉扯。刀痕的深度大約為5～7mm。刀痕的兩端會有1/3左右的部分重疊，三條刀痕要平行。

32
靜置約30秒

切好刀痕之後就這樣放著大約30秒，讓刀痕因為麵團的重量自然撐開。

POINT
比起馬上進烤箱烘烤，先放一下烘烤時刀痕比較容易裂開。

烘烤

33
噴霧

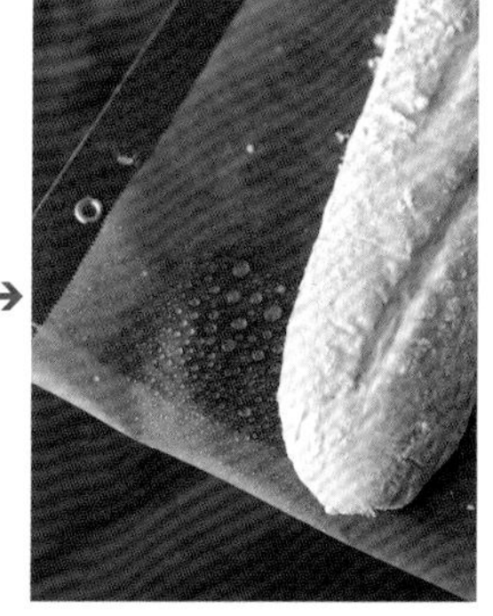

將移麵板拿起來，放低噴霧器，斜斜地由下往上噴3～4次，讓水霧布滿麵團。

POINT

從麵團正上方噴霧的話水分會堆積在刀痕中，雖然刀痕已經撐開了，但是麵團上色會不均勻，積水的部分表面會泛白。水滴殘留在烘焙紙上倒是沒有什麼問題。

34
放入烤箱

先將烤盤放入烤箱下層，預熱至280℃。將移麵板斜靠在預熱過的烤盤上，將烘焙紙連同麵團一起滑到烤盤上，關上烤箱門。

POINT

操作時要戴上耐熱手套預防燙傷。

35
以250℃ 烘烤20～25分鐘

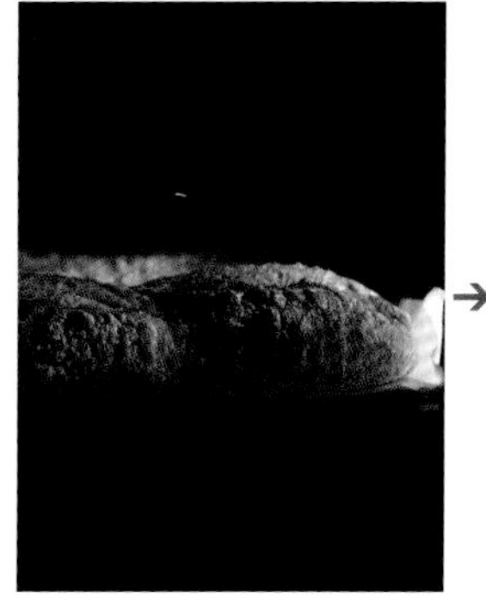

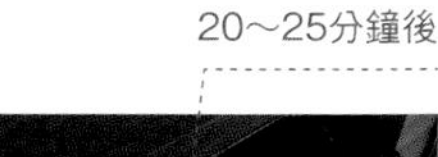

20～25分鐘後

將烤箱溫度調至250℃，並設定蒸氣功能10分鐘，烘烤20～25分鐘。

烤好的長棍麵包。

POINT

最開始的15分鐘千萬不要打開箱門，避免水蒸氣流失。

Lesson 2 又粗又長，四道刀痕！

使用的麵粉

épais

基本麵團不分割，做成一大條長棍麵包。大家可能會認為不用切割比較簡單，
不過一次要操作的麵團量多，整形時反而要更仔細，才不會扭曲變形。
因為烘烤時膨脹起來要花比較久的時間，所以適當的刀痕和充分的預熱及烘烤是必要的。
達成這些條件的話就能得到麵包芯充滿氣孔，還能感覺到麵粉美味的長棍麵包了。

[coupe]

像用力時肌肉隆起的膨脹

因為麵團量比較多，烘烤成功的話刀痕的部分會像用力時隆起的肌肉一樣膨脹起來。

[crum]

大小不一的氣孔及光澤

麵包芯內充滿更多大小不一的氣孔。麵粉和水充分地加熱後，氣泡膜會呈現半透明，並帶有光澤。

材料（長約35cm 1條份）・**道具** 和「基本的長棍麵包」相同（參照p.19）。

製作流程

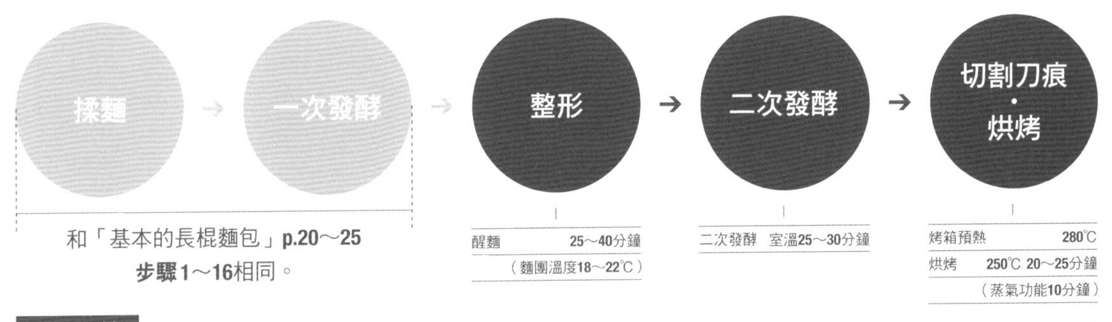

和「基本的長棍麵包」**p.20～25**
步驟1～16相同。

醒麵	25～40分鐘
	（麵團溫度18～22℃）

二次發酵	室溫25～30分鐘

烤箱預熱	280℃
烘烤	250℃ 20～25分鐘
	（蒸氣功能10分鐘）

這裡不一樣！

整形

17 將麵團放上作業台

用茶篩在完成一次發酵後的麵團表面撒滿麵粉。用沾上麵粉的切麵刀插入麵團和容器的縫隙之間沿著容器翻動一圈，將麵團剝離。再將容器倒過來，等麵團自然落在作業台上（參照**p.25步驟17**）。

18 將四個角往內折

→

指尖沾上手粉，將手指伸入麵團底下，從邊緣將麵團拉成正方形，再將四個角往中心折疊。

19

調整形狀

用切麵刀將麵團翻面，麵團交疊的部分朝下。從四邊將麵團往內收攏，調整成正方形，再用毛刷將麵團表面多餘的麵粉刷除。

20

醒麵 25～40分鐘

25～40分鐘後

使用切麵刀將麵團移到烤盤上，蓋上塑膠布防止乾燥，放在室溫中醒麵25～40分鐘。

POINT

烤盤上不用塗油或撒麵粉，也不用鋪烘焙紙，直接放上麵團就可以了。將杯狀模具放在烤盤的四個角落，這樣塑膠布才不會黏在麵團上。

醒麵完成。

POINT

麵團變得鬆弛且變大一圈就可以了。室溫偏高的話要注意麵團溫度。過程中量一下麵團溫度，如果已經變成14℃的話，不用等到25分鐘就可以進行下一個步驟。

21

將麵團放到作業台上，調整形狀

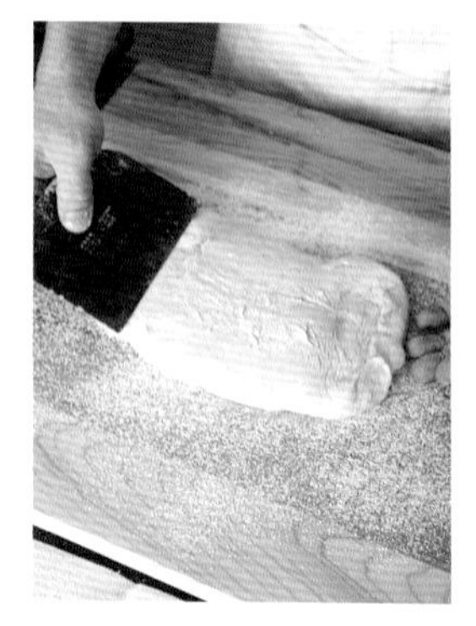

用茶篩在作業台上撒手粉。使用切麵刀將麵團從烤盤上拿起來，翻面放到作業台上。指尖沾上手粉，將手指伸入麵團底下，從邊緣將麵團拉成正方形。

POINT

操作時動作要輕柔。

22

折成三折

將麵團對側和靠身體這側都往內折，重疊折成三折。

POINT

操作時動作要輕柔，避免弄破氣泡。

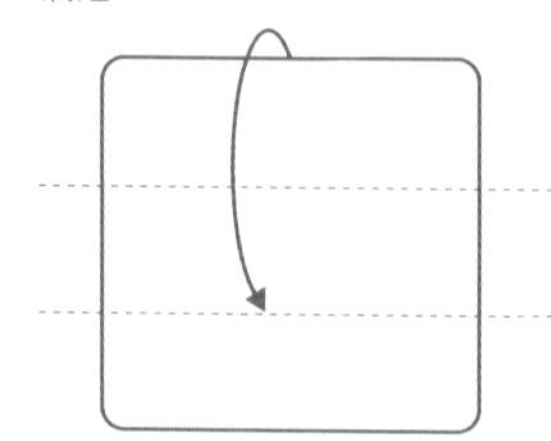

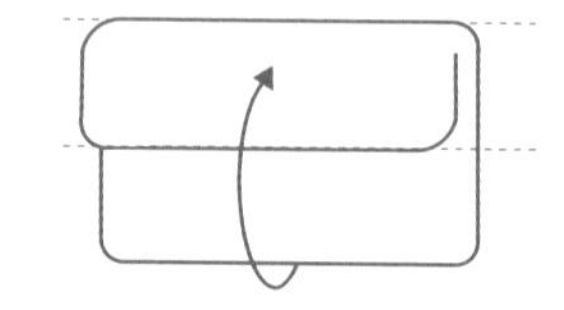

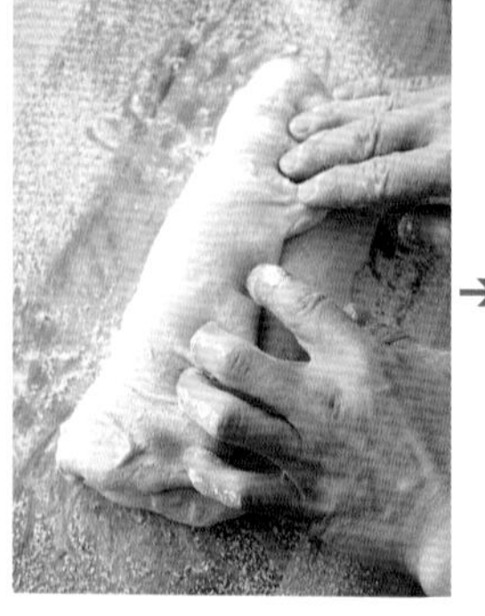

指尖沾上手粉，將麵團對側往中間折1/3。用指尖輕輕地將對折的麵團邊緣往外側的方向輕壓，將縫隙封住。

POINT

往下壓的話麵團會被壓扁，不要太用力。

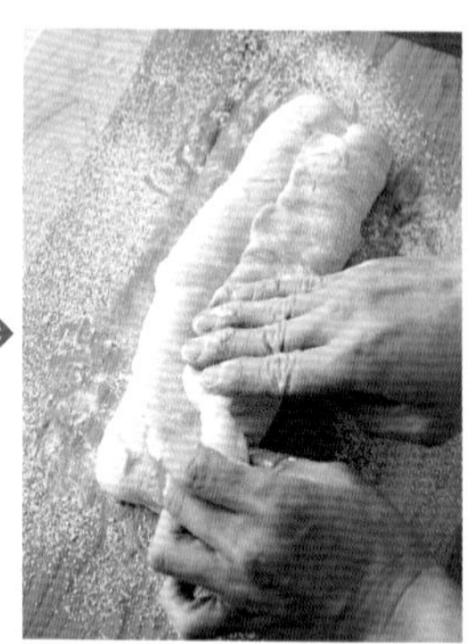

將靠近身體這側的1/3的麵團往中間折，和中間的麵團大約重疊1cm寬。再用指尖輕壓將對折的麵團邊緣固定。

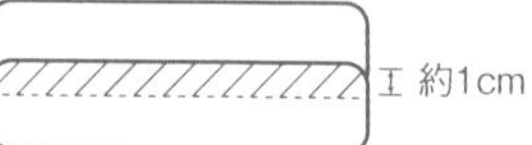

23

折一折

再折一折，將上個步驟的封口蓋住。一邊拉起對側的麵團邊緣，一邊用左手大拇指伸進麵團之間固定，將麵團往身體這側折1/3將封口蓋住，再用指尖輕壓將折好的麵團封起來。

22做好的封口

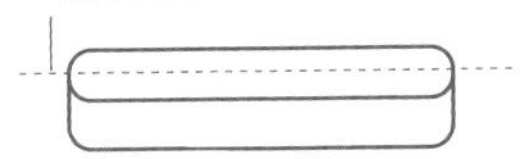

24

對折

將麵團對折成長條狀，再封起開口（參照**p.29步驟26**）。

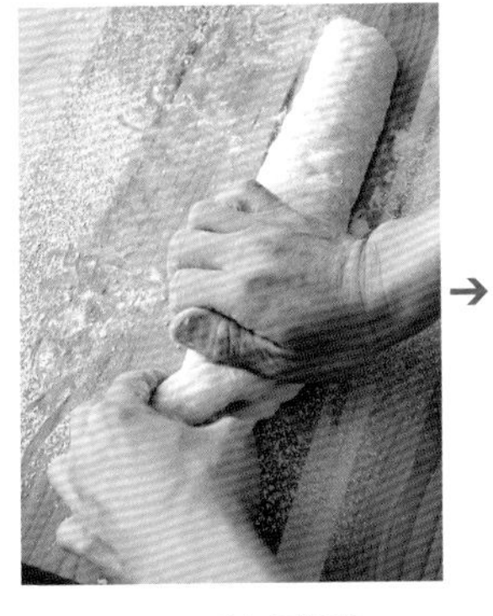

一邊拉起對側的麵團邊緣，一邊用左手大拇指插在麵團之間固定，將麵團往身體這側對折，再用右手掌根部將麵團接合處壓住封起。

POINT

對折的時候一邊將左手大拇指伸進麵團中壓住，避免內側的麵團往側邊滑動，一邊快速地對折。

用手掌根部輕壓麵團接合處，將其封住。

POINT

用手掌根部壓住麵團的時候，麵團表面會因為拉扯而產生彈性。

25

調整形狀

將封口確實地封緊，一邊將麵團滾成均勻的粗度，一邊將長度延展至35cm左右。

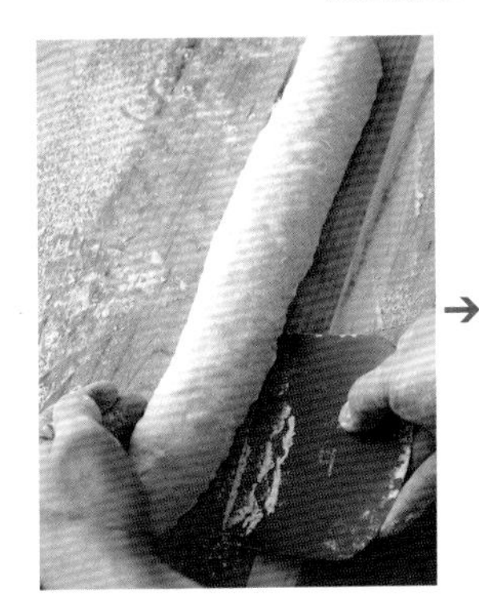

將切麵刀插入麵團和作業台之間，將黏在作業台的部分剝離。

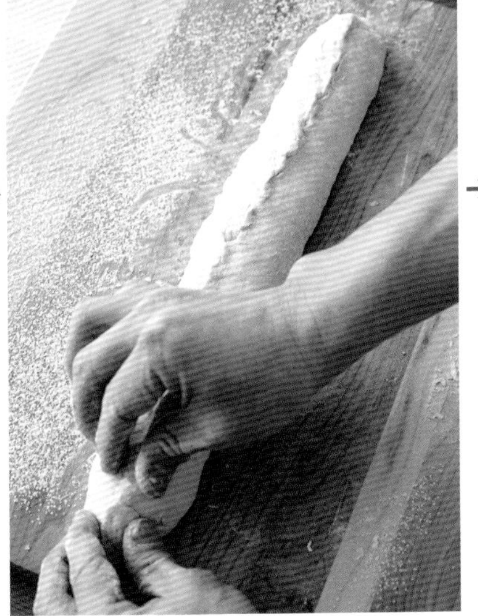

將封口滾到上方，用大拇指及食指的指腹將封口捏緊。

POINT

封口的線條如果呈現波浪狀，烘烤過程中麵團會扭曲，烤不出筆直的麵包。封口線條只要是直線，就算偏斜也沒關係。

將手指放在麵團中央，雙手一邊向左右兩端移動，一邊滾動麵團將其調整成粗度均勻、長度為35cm的棒狀。

POINT

輕輕地滾動不要用力，這樣麵團中的氣泡才不會被壓破。

二次發酵

26
將麵團放到發酵布上

將發酵布放在托盤上，用茶篩撒上手粉。雙手拿起整形過的麵團，以封口朝下的狀態放在發酵布上。在麵團左右兩側折出皺折，並分別用曬衣夾將兩端的皺折夾起來固定，讓皺折不會散開。

POINT

麵團和布的皺折之間要留一點空隙，並將皺折調整至比麵團高大約2cm的高度。發酵布皺折形成的牆壁，可以支撐發酵中的鬆軟麵團不會往橫向扁塌變形。

27
二次發酵

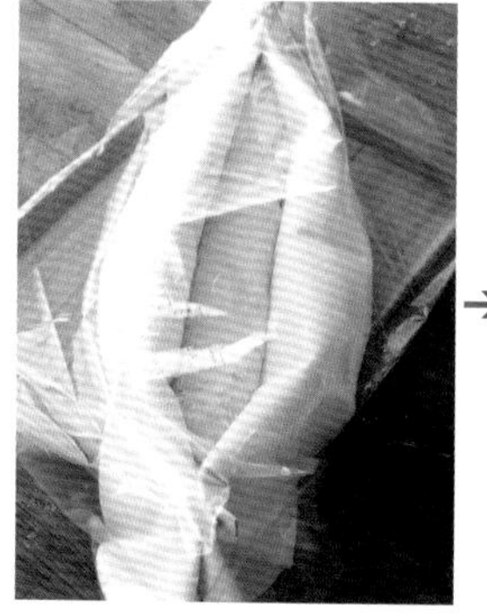

將塑膠布輕輕蓋在發酵布上，不要碰到麵團，讓麵團在室溫中靜置25～30分鐘，進行二次發酵。

POINT

進行二次發酵時，蓋上塑膠布可以防止乾燥。

→

二次發酵完成。

POINT

比整形時大了一倍就代表二次發酵完成了。

切割刀痕

28
將麵團移到烘焙紙上

將烘焙紙裁成烤盤的尺寸後放到移麵板上。將麵團自發酵布翻面放到另一塊移麵板上，再將麵團翻面，封口朝下放到準備好的烘焙紙上。

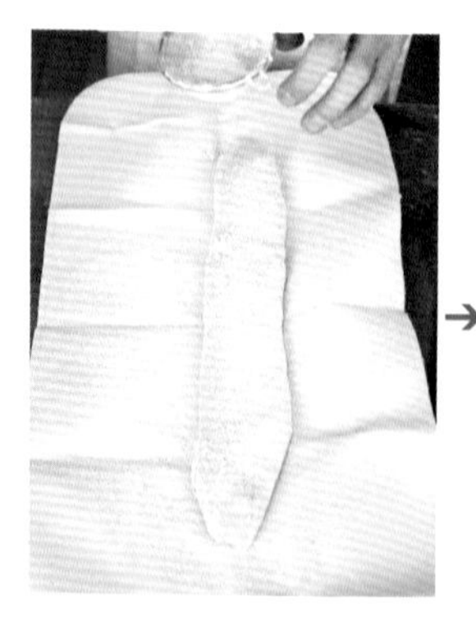

用茶篩在麵團上稍微撒點麵粉。裁一張烤盤大小的烘焙紙斜斜地放在移麵板上。

→

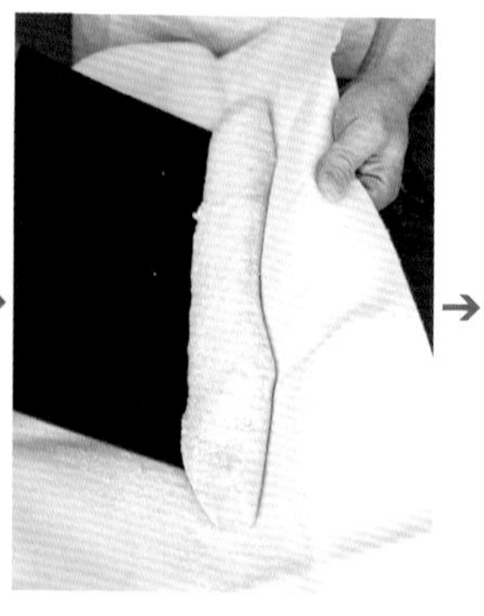

將另一塊移麵板靠在麵團旁邊，拉起發酵布讓麵團滾動翻面到移麵板上。

POINT

因為麵團非常軟，用手拿的話會變形，所以才使用移麵板。

→

將麵團翻面，封口朝下放到鋪在移麵板的烘焙紙上。

29
切割四道刀痕

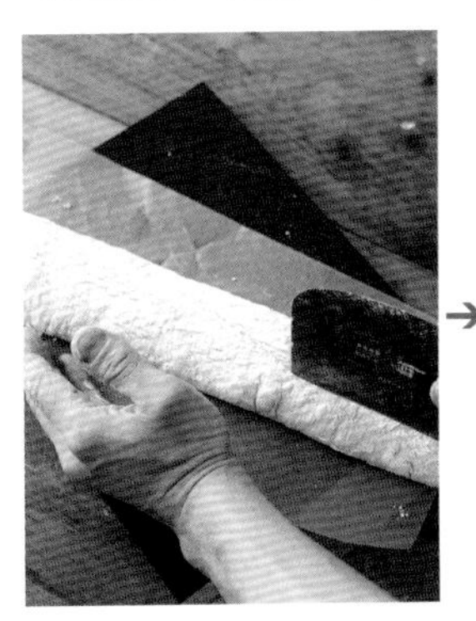

用切麵刀的邊角畫出四道刀痕的描線。先在正中央畫一條直線，再畫四條橫跨中線的斜線。四條斜線的角度盡量保持水平，線和線之間等間隔平行，側邊大約重疊1/3（參照下記）。

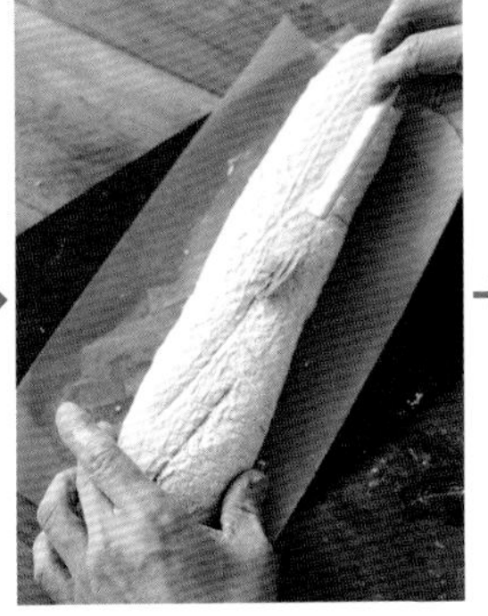

用左手輕壓住麵團，輕輕握住刀柄，將整形刀的角度稍微傾斜抵在麵團上，用全部刀刃一口氣切出刀痕。

沒有切到的部分可以沿著剛剛下刀的方向再切一次。切好刀痕之後就這樣放著大約30秒，讓刀痕因為麵團的重量自然撐開。

POINT

＊技巧熟練之前，可以先畫上輔助的描線，才能切出均等的刀痕。

＊用整形刀均勻施力、順暢地往下切，不要像鋸子一樣來回拉扯。刀痕的深度大約為5mm。刀痕的兩端會有1/3左右的部分重疊，四條刀痕要平行。

＊四條刀痕的長度要一樣，整條刀痕切的深度也要均勻。

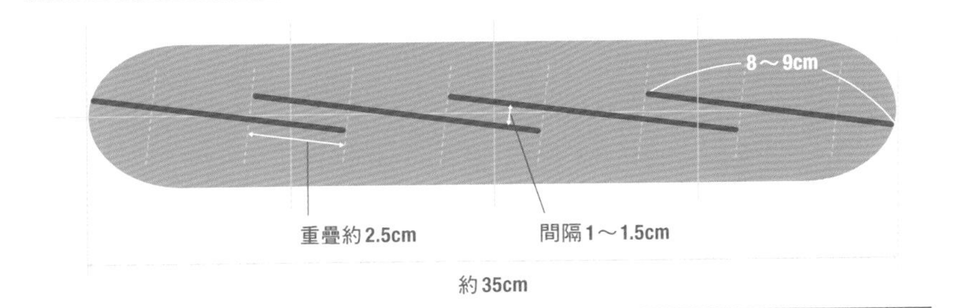

30
噴霧

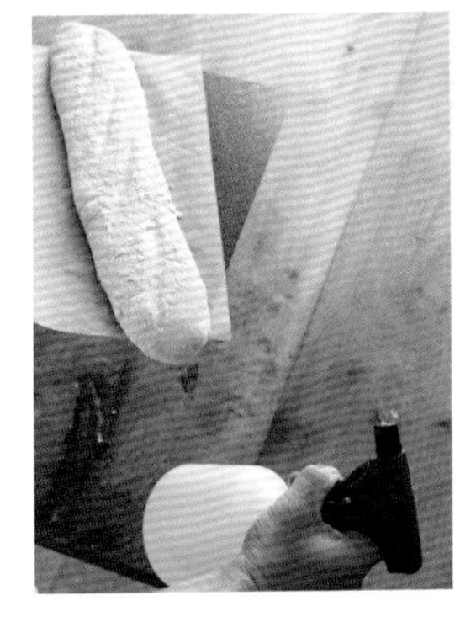

將移麵板拿起來，噴霧器稍微傾斜，斜斜地由下往上噴3～4次，讓水霧布滿麵團。

POINT

從麵團正上方噴霧的話水分會堆積在刀痕中，雖然刀痕已經撐開了，但是麵團上色會不均勻，積水的部分表面會泛白。水滴殘留在烘焙紙上倒是沒有什麼問題。

31
以250℃烘烤20～25分鐘

先將烤盤放入烤箱下層，預熱至280℃。將移麵板斜靠在預熱過的烤盤上，將烘焙紙連同麵團一起滑到烤盤上，關上烤箱門。將烤箱溫度調至250℃，並設定蒸氣功能10分鐘，烘烤20～25分鐘。

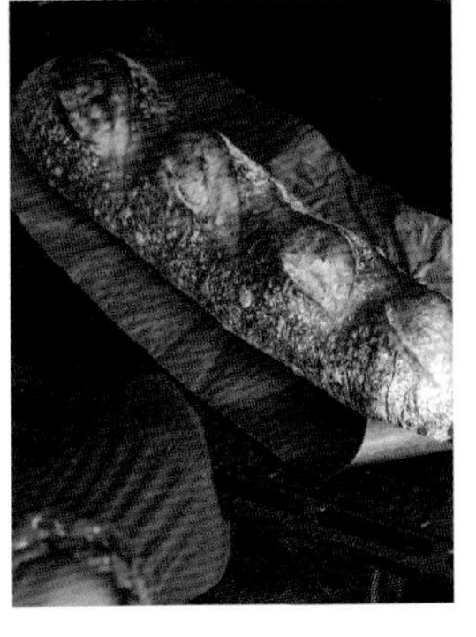

POINT

麵團要斜放於烤盤的對角線上。最開始的15分鐘千萬不要打開門，避免水蒸氣流失。

column 2
關於刀痕

「coupe」在法文中是「刀痕」的意思。
樹葉狀的刀痕在長棍麵包上大大地展開，不但外觀漂亮，看起來也很美味。
切割刀痕這個動作有點複雜，
這裡就來介紹一下長棍麵包不可或缺的刀痕。

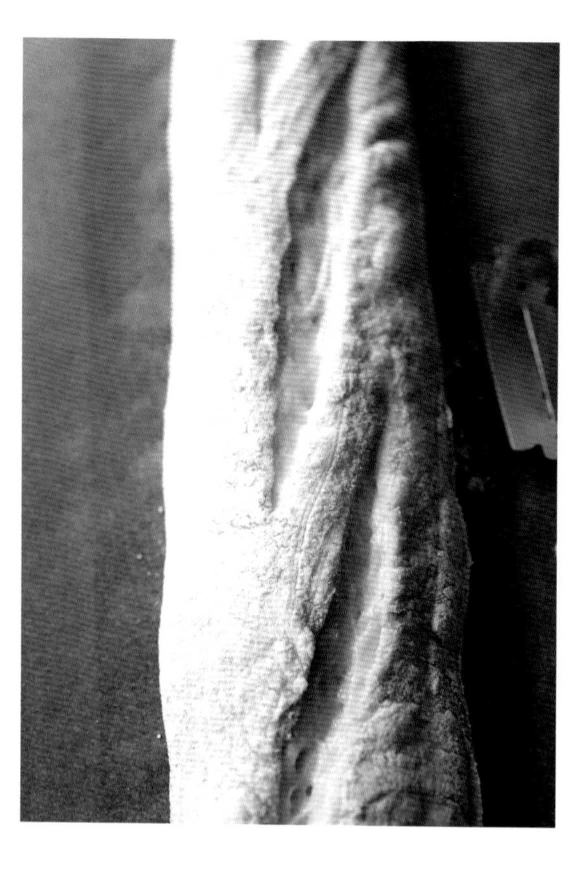

在長棍麵包上切割刀痕的理由

長棍麵包的麵團放入烤箱時受到高溫加熱，麵團內的氣泡（二氧化碳）會瞬間膨脹，包裹著氣泡的麩質筋膜也會延展變大。此時，刀痕就成了麵團的壓力出口。沒有刀痕的話，壓力會四處分散使麵團扭曲，或是集中在麵團最脆弱的部分，使麵團產生裂痕。讓壓力均勻地分散到刀痕處才能烤出長條狀的長棍麵包。除此之外，刀痕還有使麵團更容易烤熟、幫助麵團延展、讓水分適度蒸發等功用，以及裝飾上的效果。

為什麼刀痕會裂開

當切了刀痕的麵團放入高溫的烤箱時，麵團的溫度會上升並開始急速膨脹。這時麵團表面也會開始變乾，但是刀痕內凹進去的部分不容易變乾。表面已經是乾燥狀態的麵團還是會繼續膨脹，不過乾燥的表面已經沒有延展能力了，因此壓力會集中到刀痕內濕潤的部分，從那裡開始向上膨脹將刀痕撐開。刀痕撐開之後裡面濕潤的麵團又會被擠壓出來，從那裡繼續延展。這個狀態會從麵團放入烤箱開始持續10分鐘左右，直到麵團溫度超過60℃，使得會產生氣泡（二氧化碳）讓麵團膨脹的酵母菌死亡後，就會停止。麵團的膨脹停止時，刀痕也會停止擴張，麵包就會在這個狀態下烘烤定型。如果刀痕切得不均勻或是麵團封口沒有封緊的話，刀痕就不會被撐開，反而是麵團底部或側邊會裂開。

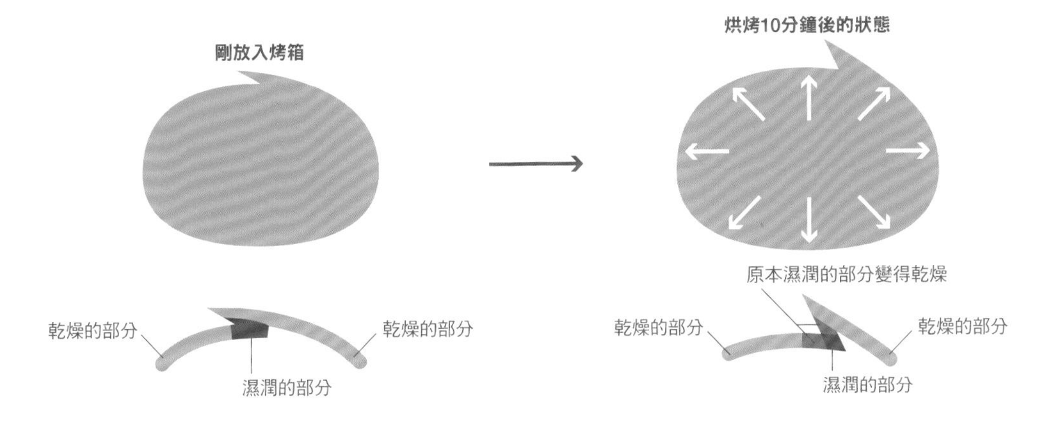

理想的刀痕

只切一道刀痕的話，刀痕要筆直且切入的深度要均勻。若是要切數道刀痕的話，每道刀痕的長度和角度都要一樣，刀痕之間要平行，兩端重疊1/4～1/3。注意整條刀痕的深度要一樣。

切割刀痕的訣竅

因為切割的時候一定得施力，所以很容易用力握緊整形刀。不過，其實切割的重點是輕輕拿著整形刀，將刀子的前端稍微斜抵著麵團，重點在於要一口氣順勢切開。用另一隻手輕輕壓住麵團的上下兩側，將其固定，這樣會比較容易切出均勻的刀痕。

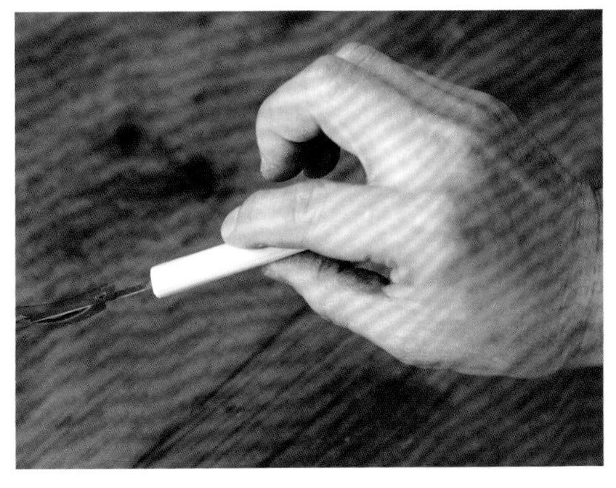

刀刃的方向和刀子的拿法依個人喜好調整即可。注意不要整隻手緊握刀柄，用大拇指和食指捏緊刀柄，再用其他手指輔助。

輕壓麵團，將整形刀傾斜，順勢流暢地切開。

切割刀痕的注意事項

1. 看著麵團想像刀痕的位置。還不熟練的話可以先在麵團上畫線作記號。
2. 下刀的時候千萬不要像用鋸子那樣用力壓或前後拉扯。
3. 下刀之後要順著同一個方向切割。
4. 下刀和結束的地方會有比較多損傷，所以等全部的刀痕都切完之後，再依同方向補切下刀處及尾端。

在輔助的線條上，「單方向」切出刀痕。

沒有切好的部分，可以依同方向再補切，不可以反方向切。

裂出漂亮刀痕的必要條件

1. 整形刀的刀刃要保持乾淨。如果有殘留的麵團或是刀刃變鈍等保養不佳的情況，當然就沒辦法切得漂亮。
2. 刀痕的長度和角度都要均等。
3. 烤箱要確實地預熱。
4. 做出延展性佳的麵團，並且確實完成一次發酵和二次發酵。整形的形狀要均勻，麵團的封口要封好。
5. 剛開始烘烤的0～10分鐘內，要讓烤箱內確實地充滿水蒸氣，避免長棍麵包的表面乾燥。烤箱沒有蒸氣功能的話要將麵團噴霧加濕。水分太多或太少都會沒辦法裂開。

以上條件有任一項沒有做好的話，就有可能無法漂亮地裂開。

讓刀痕的邊緣立起來

整形刀對著麵團時以45～50度傾斜，想像自己只要削開表層，然後稍微下刀深一些，將刀刃切入5mm。因為家用烤箱的熱源離麵團非常近，在刀痕裂開之前表面就會變乾了，這個動作可以彌補家用烤箱的缺陷。將刀痕切得稍微深一點，靜置30秒左右，等刀痕自然撐開之後再放入烤箱。

「切割刀痕」的訓練法

先照著要做的尺寸畫一個長棍麵包，拿著蠟筆當作整形刀，想像自己在切割刀痕，在紙上的麵包上畫線。反覆練習才能學會施力的方法、畫線的力道，還有如何畫等長且平行的線條。

Lesson 3

適合初學者的
3種長棍麵包

覺得切割刀痕很難、低溫長時間發酵很累人？
這裡介紹了能讓看起來困難重重的長棍麵包做起來更簡單的食譜。
不僅降低了烘烤方式的難度，也不須使用移麵板，還可以將麵團直接放上烤盤，放入預熱完成的烤箱中。
透過輕鬆又有趣的方法，讓長棍麵包愈做愈上手。

Type 1

在基本的麵團上簡單劃一刀！

一道刀痕

Type 2

不劃刀痕，用剪刀剪開！

麥穗麵包

Type 3

一次發酵時間為室溫3小時！

優格麵團

Lesson 3 - Type 1

在基本的麵團上
簡單劃一刀！

一道刀痕

使用的麵粉

épais

不太會切割刀痕的人，可以從一道刀痕開始慢慢增加刀痕的數量。
在麵團上切出一道筆直的刀痕，就可以讓刀痕裂得很漂亮，不用擔心麵團會扭曲，或刀痕間的橫帶會斷掉。
而且，因為刀痕整體切得很均勻，
麵團在烤箱中受熱時也能均勻地膨脹，進而烤出美味的長棍麵包。

[detail]

刀痕漂亮地裂開，
麵包芯的氣泡呈現蜂巢狀

因為麵團的負荷量少，所以刀痕可以裂得又大又漂亮，進而烤出外皮薄脆，芯中充滿大大小小蜂巢狀氣泡的麵包。因為不是將麵團放在預熱過的烤盤上烘烤，所以顏色會比較淡一點。想讓麵團上色更深而延長烘烤時間的話，會使外皮變厚，需特別注意。

材料（長約25cm 2條份）・道具 和「基本的長棍麵包」相同（參照p.19）。不過，移麵板只要1塊。

製作流程

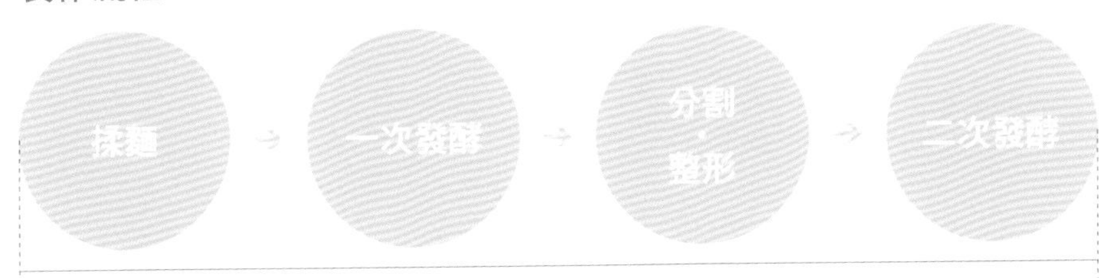

和「基本的長棍麵包」p.20～29
步驟1～29相同。

烤箱預熱	280℃
烘烤	250℃ 20～25分鐘
	（蒸氣功能10分鐘）

這裡不一樣！

切割刀痕

30

將麵團移到烤盤

用茶篩在完成二次發酵的麵團上撒手粉，用移麵板將麵團封口朝下，移到鋪了烘焙紙的烤盤（沒有預熱）。

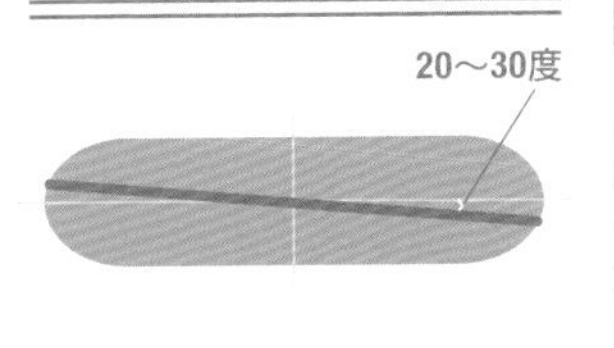

31

切出一道刀痕

用切麵刀的邊角畫出刀痕的描線。在正中央畫一條直線，再畫一條和直線呈20～30度角的斜線，直線和斜線的中心為交叉點。

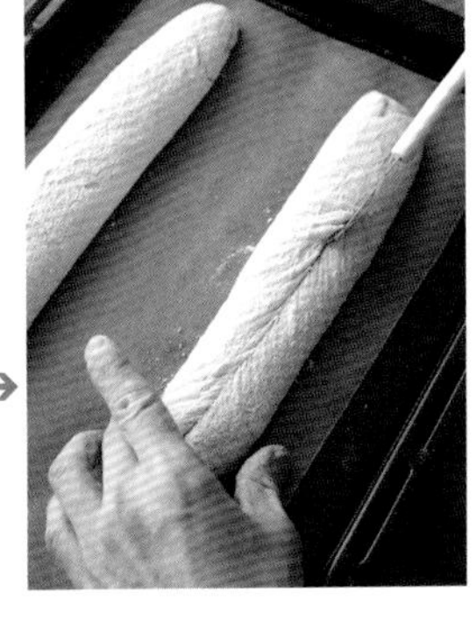

輕輕握住刀柄，將整形刀的角度稍微傾斜抵在麵團上，用全部刀刃一口氣切出刀痕。沒有切到的部分可以沿著剛剛下刀的方向再切一次。切好刀痕之後就這樣放著大約30秒。

烘烤

32

噴霧

將烤盤拿起來，噴霧器稍微傾斜，斜斜地由下往上噴3～4次，讓水霧布滿麵團（參照**p.33步驟33**）。

33

以250℃烘烤20～25分鐘

放入預熱至280℃的烤箱中，快速地關上烤箱門。將烤箱溫度調至250℃，接著開啟蒸氣功能10分鐘，烘烤20～25分鐘。

Lesson

3

Type

2

不劃刀痕，用剪刀剪開！

麥穗麵包

使用的麵粉

épais

非常喜歡長棍麵包的麵團卻對刀痕沒轍的人，請看這裡！
用剪刀代替整形刀將麵團剪開，就是熟悉的麥穗麵包了。
剪開的麵團左右交互展開，擺成麥穗的形狀烘烤。
因為表面積比長棍麵包大，所以受熱情況也比較好，能烤出更加香脆的外皮。

[detail]

外皮香脆，麵包芯布滿中小型的氣孔

用剪刀切開麵團烘烤製成的麥穗麵包，就像許多小麵包的集合體，它們膨脹的程度不大，麵包芯均勻分布了中小型的氣孔。切開的表面積＝外皮增加的部分，這也代表了麵包芯的部分相對較少，所以若是過於長時間烘烤的話，會變成外皮風味強烈的硬麵包，這點要特別注意。

材料（長約30cm 2條份）

和「基本的長棍麵包」相同（參照p.19）。

道具

和「基本的長棍麵包」相同（參照p.19）。不過，移麵板只要一塊，並將整形刀換成剪刀。

製作流程

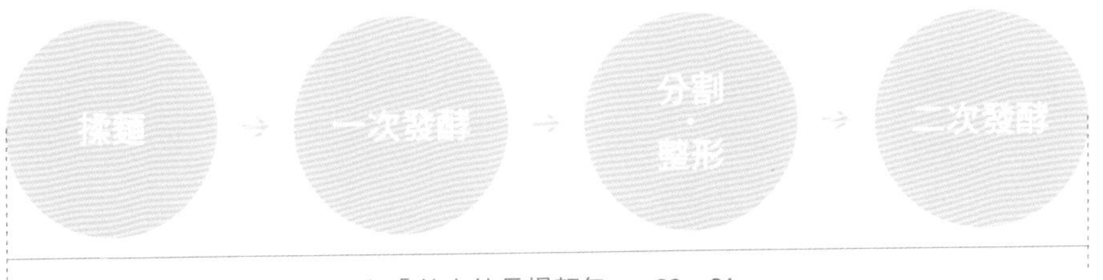

切割刀痕・烘烤

和「基本的長棍麵包」p.20～31
步驟1～29相同。

烤箱預熱	280℃
烘烤	250℃ 20～25分鐘（蒸氣功能10分鐘）

這裡不一樣！

切割刀痕

30 將麵團移到烤盤

用茶篩在完成二次發酵的麵團上撒手粉，用移麵板將麵團封口朝下，移到鋪了烘焙紙的烤盤（沒有預熱）。

31 將麵團剪開，展開

↓

剪刀從上方以大約30度的角度靠著麵團，從前端開始依序剪出5～7個開口。將切開的麵團左右交錯展開。

POINT

剪開的地方太淺的話麵團不容易展開，剪刀角度要盡量傾斜，剪到麵團厚度大約3/4的地方。

POINT

從前端開始慢慢往下剪出由大到小的麵團，看起來會更像麥穗。

烘烤

32 噴霧

將烤盤拿起來，噴霧器稍微傾斜，斜斜地由下往上噴3～4次，讓水霧布滿麵團（參照**p.33步驟33**）。

33 以250℃烘烤20～25分鐘

放入預熱至280℃的烤箱中，迅速關上烤箱門。將烤箱溫度調至250℃，接著開啟蒸氣功能10分鐘，烘烤20～25分鐘。

Lesson 3 — Type 3

一次發酵時間為室溫3小時！

優格麵團

使用的麵粉

TypeER

照著這份食譜，即使是第一次挑戰製作長棍麵包的人也不會失敗！
這種麵團不可或缺的材料是優格。
利用優格的發酵能力能將「基本的長棍麵包」的預備發酵及一次發酵（12～14小時）縮短成3小時。
而且，利用了優格的油分能提高麵團延展性的特點，整形方式也更簡單，
改成用擀麵棍將麵團擀平再捲起的方法。
有了優格這個得力助手，就能做出彈牙、輕盈又美味的長棍麵包了。

[crust]

烤色稍淺

因為烘烤方式和「基本的長棍麵包」不同，是放在常溫的烤盤上才放入烤箱中烘烤的，所以烤色會稍微淺一點。在意烤色而將烘烤時間拉長的話，會烤出外皮厚且筋性強的長棍麵包。這裡就讓烤色淺一點沒關係，開心地享受彈牙又輕盈的口感吧。

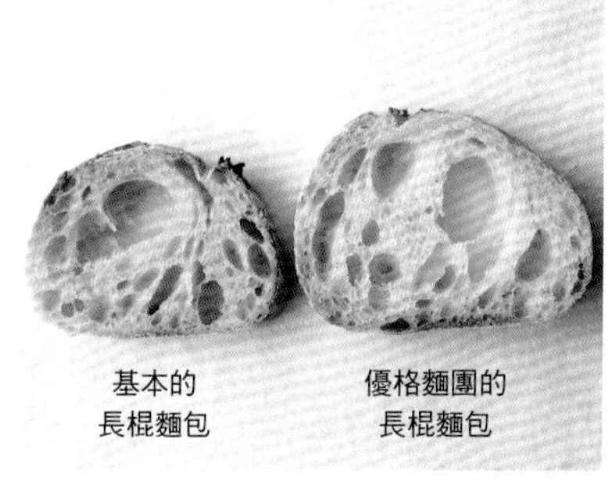

[coupe]

刀痕能漂亮地裂開

劃一道刀痕。優格的乳脂肪能提升麵團的延展性，烘烤時麵團會大幅膨脹，將刀痕撐開。

[crum]

充分膨脹，且氣孔分布均勻又漂亮

加入含有油分的優格使麵團的延展性提高，再用擀麵棍延展麵團，增強麩質的筋性。如此做出來的麵團散布著大大小小的氣泡，烘烤時會向上膨脹，變成濕潤又鬆軟的麵包芯。

材料（長度約25cm 2條份）	分量	烘焙百分比
準高筋麵粉 TypeER	200g	100%
鹽（海鹽）	4g	2%
蜂蜜	2g	1%
原味優格	30g	15%
速發乾酵母	1g	0.5%
自來水（調整溫度，參照p.12）	120g	60%
手粉	適量	

道具

- □ 電子秤
- □ 溫度計
- □ 缽盆
- □ 打蛋器
- □ 計時器
- □ 木匙
- □ 切麵刀
- □ 保鮮膜
- □ 茶篩
- □ 毛刷
- □ 保存容器（700mℓ）
- □ 塑膠布（以厚塑膠袋裁開製成）
- □ 杯狀模具
- □ 擀麵棍
- □ 托盤
- □ 曬衣夾
- □ 發酵布
- □ 移麵板（1片）
- □ 烘焙紙（烤盤尺寸）
- □ 麵包整形刀
- □ 噴霧器
- □ 耐熱防火手套

製作流程

→

→

→ 二次發酵 →

揉麵
水合作用 15分鐘
醒麵 15分鐘
攪拌完成溫度 18～22℃
（麵團溫度18～22℃）

一次發酵
一次發酵　室溫2～3小時
（麵團溫度約24℃）

分割・整形
醒麵 25～40分鐘
（麵團溫度25℃）

二次發酵
二次發酵　室溫30～40分鐘

切割刀痕・烘烤
烤箱預熱 280℃
烘烤 250℃20～25分鐘
（蒸氣功能10分鐘）

揉麵

1
混合蜂蜜、水和優格

先將蜂蜜放入盆中，再加入調溫過的水，以打蛋器攪拌使蜂蜜溶化。接著加入優格混合均勻。

POINT

用砂糖替換蜂蜜也可以。這裡的糖類有幫助發酵、讓麵團更容易上色、增加麵團濕潤感等功用。

2
溶解酵母

將酵母撒入1中，靜置一下讓酵母吸收水分。

浸泡在水中的酵母。

POINT

為了使顆粒狀的酵母能確實溶解，需要先泡一下水。只倒在一個地方的話會結塊，不容易溶解，需特別注意。盡量將酵母撒在盆中的四處。

3
加入麵粉攪拌

將麵粉撒入盆中，以木匙攪拌，讓麵粉吸收水分。

POINT

水分滲透進麵粉中才能產生延展性佳的麩質。

4
將麵團揉成團

麵粉看起來已經吸乾水分後，就可以用切麵刀一邊輕輕地切拌混合，一邊刮下黏在缽盆側邊的麵團，將麵團整成一團。

POINT

這裡的麵團不需要揉到表面變光滑。

5

進行水合作用15分鐘

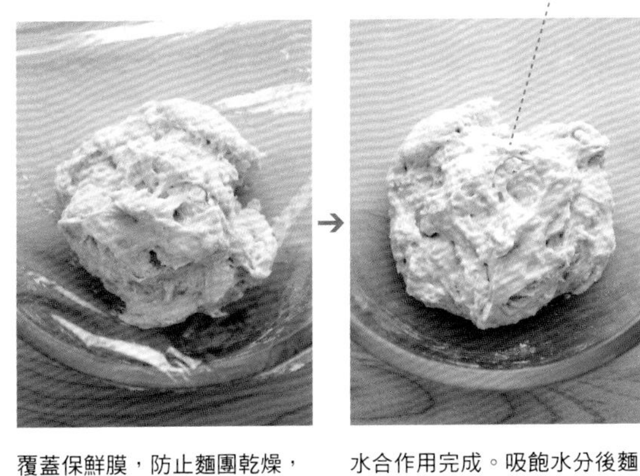

覆蓋保鮮膜，防止麵團乾燥，放在室溫中靜置15分鐘（水合作用）。

水合作用完成。吸飽水分後麵團表面也很濕潤。

POINT

只是攪拌沒辦法使水分完全滲透進麵粉中，在揉麵前需要靜置一段時間，讓麵粉充分地吸收水分。

POINT

因為優格有發酵的能力，再加上酵母分量也比較多，所以這裡水合作用的時間會比平常還要短。

6

加鹽

將鹽撒入麵團中。

POINT

鹽的顆粒較大的話，比較不容易融入麵團中，需特別注意。這裡使用的是海鹽。

指尖稍微沾點水，將鹽壓入麵團中。

POINT

先將手指沾濕，在水分的幫助下鹽會比較容易融入麵團。而且麵團也不會黏在手指上，比較利於作業。

7

揉麵70～90次

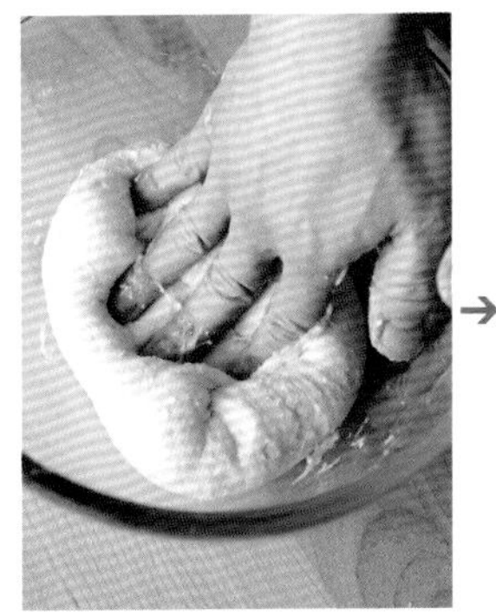

從外側將麵團拉起，往中心折疊。重複這個動作70～90次（參照**p.22步驟9**）。

POINT

到了第30次左右，麵團會變得很光滑，這代表鹽沒有完全融入。這時要繼續折疊，一直揉到表面變粗糙，稍微有點黏性為止。

POINT

一直揉到表面有點黏的狀態。

8

醒麵15分鐘

覆蓋保鮮膜，防止麵團乾燥，放在室溫中醒麵15分鐘。

醒麵完成。

POINT

麵團會變濕潤。

一次發酵

9 將麵團放上作業台

用茶篩在麵團表面撒上麵粉。切麵刀也撒上麵粉，插入麵團和缽盆的縫隙之間沿著缽盆翻動一圈，將麵團剝離缽盆。將缽盆倒過來，等麵團自然落在作業台上。

10 折成三折

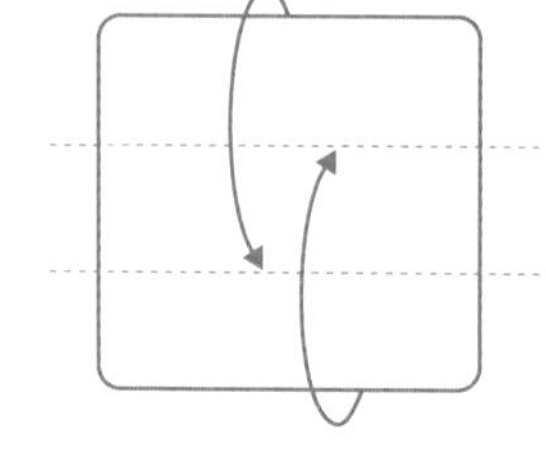

指尖沾上手粉，將手指伸入麵團底下，從邊緣將麵團拉成正方形。接著將麵團對側往中間折1/3，再將靠身體這側的1/3也往中間折。

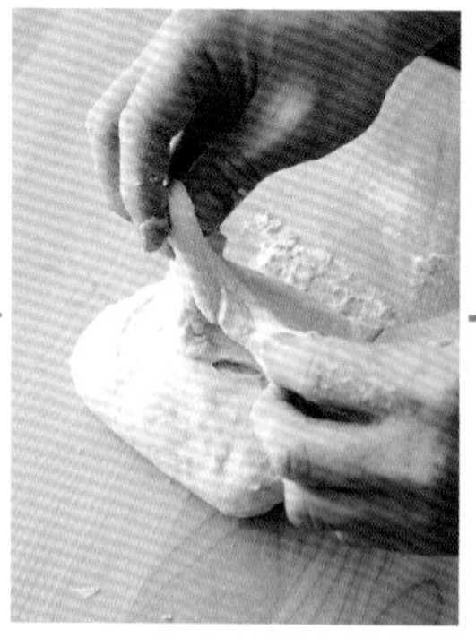

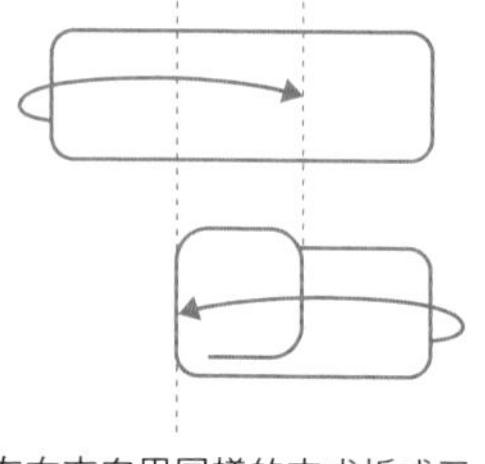

左右方向用同樣的方式折成三折。

用切麵刀將麵團翻到另一面。

POINT

折成三折的動作可以排出麵團中的氣體，並使厚度一致。

11 室溫中進行一次發酵

將麵團放入保存容器中，蓋上蓋子，在室溫中靜置2～3小時，進行一次發酵。

一次發酵完成的麵團。

POINT

麵團膨脹至比原來大一倍就代表一次發酵完成了。

分割

12
將麵團放上作業台

以茶篩在麵團表面撒上麵粉。切麵刀也撒上麵粉，插入麵團和保存容器的縫隙之間翻動一圈，將麵團剝離容器。

將保存容器倒過來，等麵團自然落在作業台上。

13
將麵團分割成兩份

沾上手粉，將手指伸入麵團底下，從邊緣將麵團拉成正方形。以茶篩在麵團中央縱向撒上麵粉。用切麵刀將麵團切半。

POINT

一口氣壓下切麵刀，將麵團切斷。如果像鋸子一樣前後拉扯切麵刀，斷面會變複雜，在二次發酵或烤好的時候麵包都可能會因此扭曲變形。大概切成一半就好，不需要測量重量再做細微調整。

14
折成三折

將分割完成的麵團對側往身體側折1/3，接著將重疊的部分再往身體側折起，像是要捲起般折成三折。

POINT

操作時動作要輕柔，避免弄破氣泡。

用切麵刀從麵團的四邊往中間壓，將形狀調整成長方形，並用毛刷將殘留在麵團表面的麵粉刷掉。

POINT

麵團中混入多餘的麵粉的話，就烤不出濕潤的麵包了。

15
醒麵 25～40分鐘

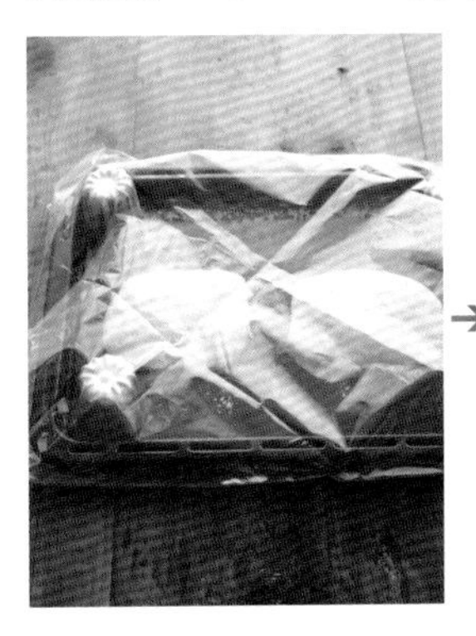

使用切麵刀將麵團移到烤盤上，蓋上塑膠布防止麵團乾燥，放在室溫中醒麵25～40分鐘。

POINT

烤盤上不用塗油或撒麵粉，也不用鋪烘焙紙，直接放上麵團就可以了。將杯狀模具放在烤盤的四個角落，這樣塑膠布才不會黏在麵團上。

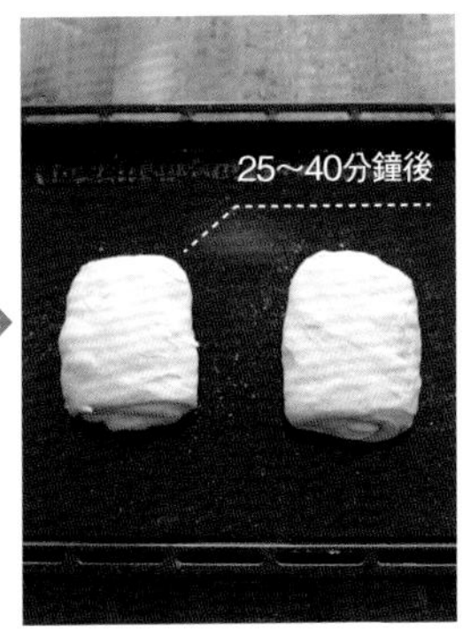

醒麵完成。

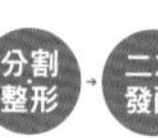

整形

16
用擀麵棍 將麵團擀成長方形

一邊擀麵，一邊變換麵團的方向。

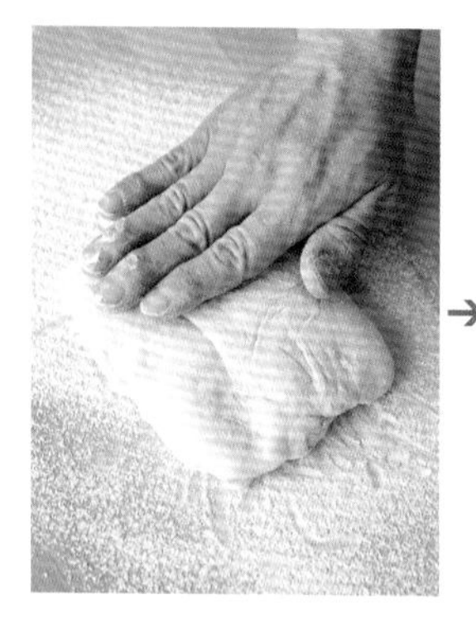

用茶篩在作業台上撒手粉。接著用切麵刀將麵團從烤盤上拿起來，翻面放到作業台上，再用手輕壓，將膨脹變大的氣泡壓破。

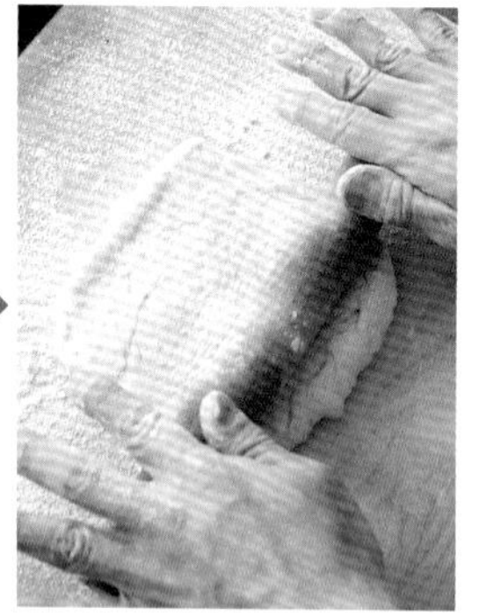

將擀麵棍放在麵團中央，從中央滾到靠近身體這側，再從中央滾到對側，從兩個方向延展麵團。

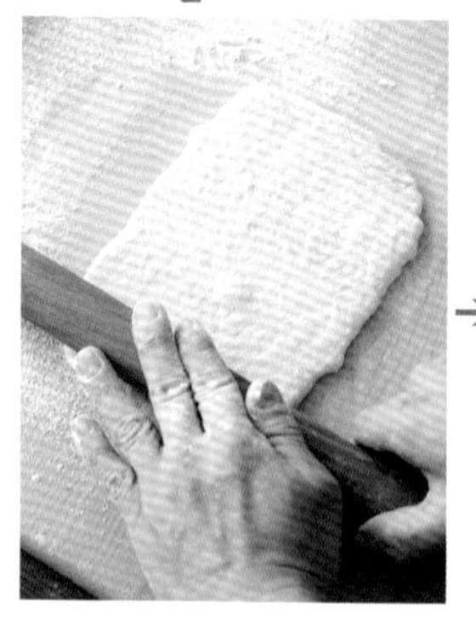

改變擀麵棍的方向，將麵團擀成橫長的形狀。

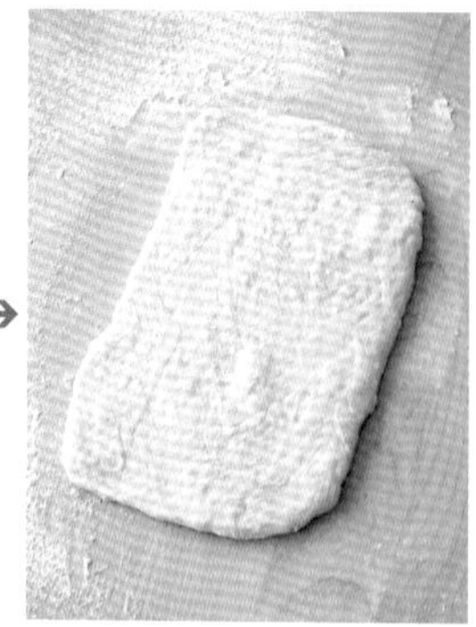

擀成寬約25cm×長約15cm的長方形。

17
捲成長條狀

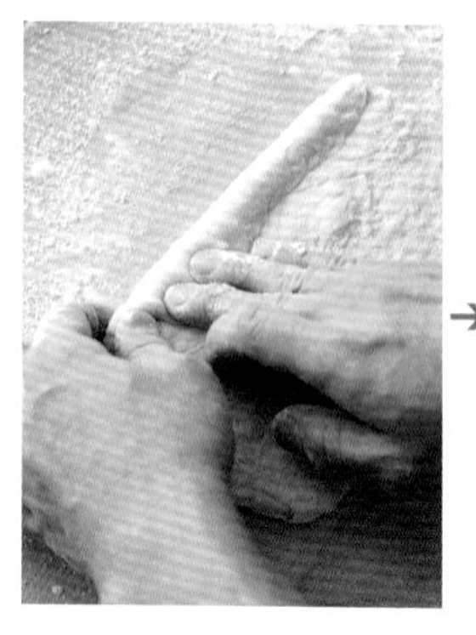

將對側麵團一點一點的往內折，一邊折一邊捲起。

POINT

捲入多餘的空氣的話，烤好的麵包會變得凹凸不平，所以捲的時候麵團中不要有空隙。

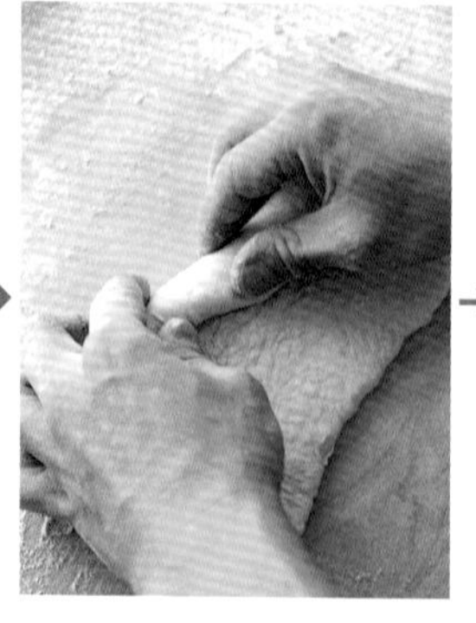

以第一捲為中心，往靠近身體這側捲起。

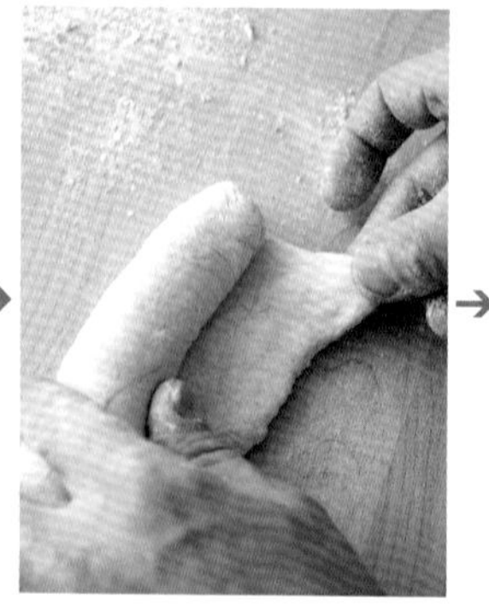

捲麵團的時候要一邊輕拉麵團，讓捲起的麵團表面呈現稍微緊繃的狀態。捲好之後將邊緣的部分壓好，避免麵團內縮。

邊緣的部分要整理成筆直的狀態。

18

調整形狀

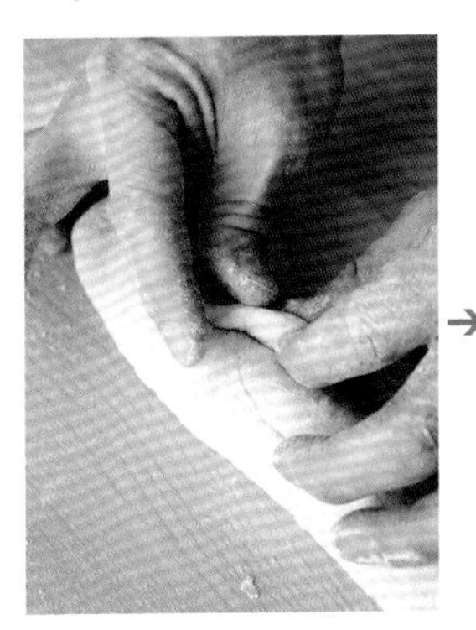

用大拇指及食指的指腹將封口捏緊。

→

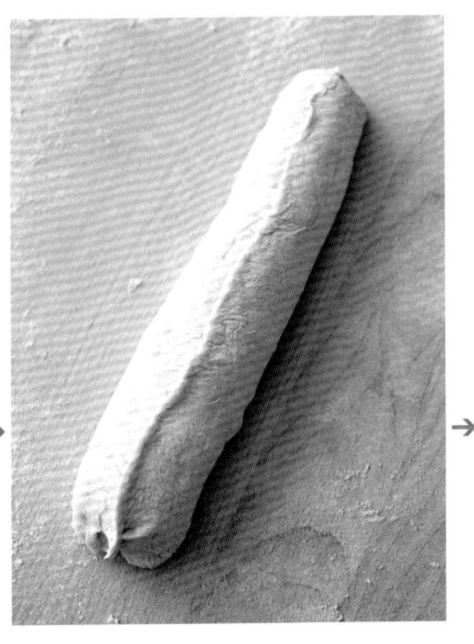

確認封口是不是筆直的。

POINT

封口的線條如果呈現波浪狀，烘烤過程中麵團會扭曲，烤不出筆直的麵包。封口線條只要是直線，就算偏斜也沒關係。

→

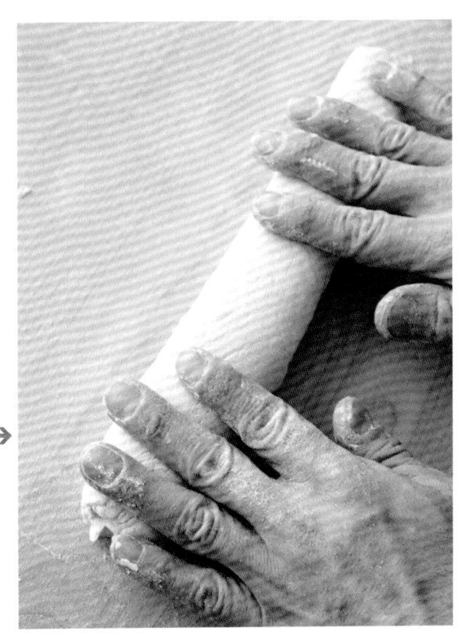

將手指放在麵團中央，雙手一邊向左右兩端移動，一邊滾動麵團將其調整成粗度均勻、長度為25cm的棒狀。

POINT

輕輕地滾動不要用力，這樣麵團中的氣泡才不會被壓破。

二次發酵

19

將麵團放到發酵布上

將發酵布放在托盤上，用茶篩撒上手粉，折出多個放置麵團的凹槽。麵團封口朝下放在凹槽中。另一個麵團照著**步驟16～18**做成棒狀，封口朝下放進凹槽中。將皺折兩端合起來用曬衣夾固定，讓皺折不會散開。

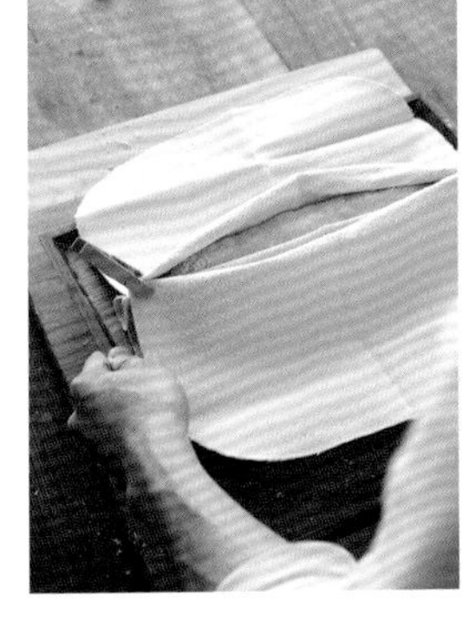

POINT

麵團和布的皺折之間要留點空隙，並將皺折的高度調整至比麵團高出大約2cm。發酵布皺折形成的牆壁，可以支撐發酵中的鬆軟麵團不會往橫向扁塌變形。

20

室溫中進行二次發酵

將塑膠布輕輕蓋在發酵布上，不要碰到麵團，讓麵團在室溫中靜置30～40分鐘，進行二次發酵。

POINT

和一般的長棍麵包相比，整形時多了拉緊麵團的動作，所以麵團會比較緊繃。為了讓緊繃的麵團鬆弛，發酵時間會比較久一點。

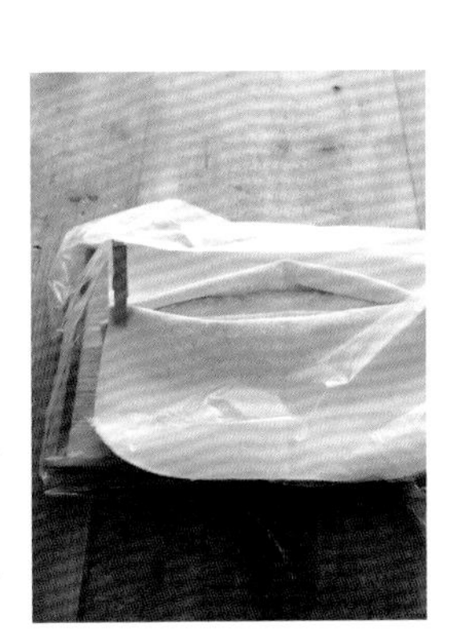

切割刀痕

21

將麵團移到烤盤上

在（沒有預熱的）烤盤上鋪烘焙紙。用茶篩在麵團上撒手粉，將發酵布上的麵團用移麵板以封口朝下的狀態，移到準備完成的烤盤上（參照**p.31步驟30**）。

POINT

因為麵團非常軟，用手拿的話會變形，所以才使用移麵板。

22

切出一道刀痕

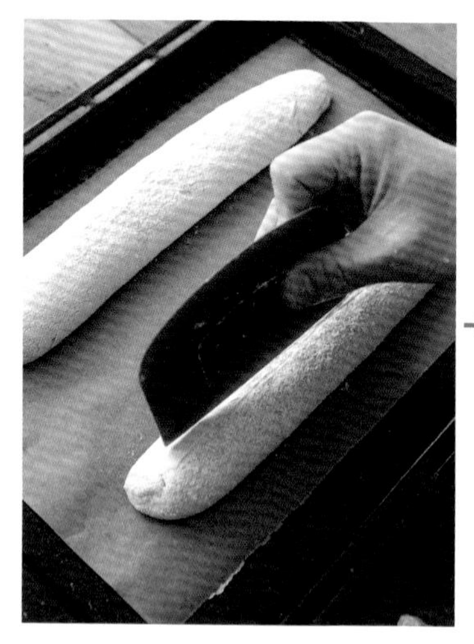

用切麵刀的邊角畫出刀痕的描線。在正中央畫一條直線，再畫一條和直線呈20～30度角的斜線，直線和斜線的中心為交叉點。

→

輕輕握住刀柄，將整形刀的角度稍微傾斜抵在麵團上，用全部刀刃一口氣切出刀痕。沒有切到的部分可以沿著剛剛下刀的方向再切一次。切好刀痕之後就這樣放著大約30秒（參照**p.45步驟31**）。

烘烤

23

噴霧

將烤盤拿起來，噴霧器稍微傾斜，斜斜地由下往上噴3～4次，讓水霧布滿麵團（參照**p.33步驟33**）。

POINT

不要直接往麵團上噴霧。

24

以250℃烘烤20～25分鐘

放入預熱至280℃的烤箱中，快速地關上烤箱門。將烤箱溫度調至250℃，接著開啟蒸氣功能10分鐘，烘烤20～25分鐘。

POINT

最開始的15分鐘千萬不要打開門，避免水蒸氣流失。

Lesson

4 烤出喜歡的長棍麵包

長棍麵包的基本材料為「麵粉、水、鹽、酵母」。
正因為成分簡單，所以材料的產地及種類、配方比例、麵團的處理方式、烘烤方式，
都會影響到麵包的外觀、香氣、口感和觸感。這也是製作長棍麵包時的醍醐味。
就像煮白飯的時候，也會有各種偏好的米的品牌和「偏硬」、「偏軟」、「Q彈」、「不黏」等口感，
做麵包時也試著依喜好製作自己喜歡的長棍麵包吧。

Type ①

柔韌濃郁的長棍麵包

Type ②

酥脆輕盈的長棍麵包

Type ③

稜角分明的長棍麵包

Type ④

香氣撲鼻的長棍麵包

Lesson 4 - Type 1

柔韌濃郁的長棍麵包

使用的麵粉

北之香〈Kitanokaori〉

目標是做出柔軟有彈性，並帶有水潤感，咬下的瞬間就能感覺麵粉的美味在口中擴散的長棍麵包。
使用具有強烈甜味及濃厚美味的北海道產高筋麵粉「北之香」，
在二次發酵時花費較長的時間，引出獨特的筋性及Q彈口感。

[detail]

外皮呈現淡淡的金黃色。
麵包芯的氣泡膜濕潤且偏厚

烤得薄脆的外皮呈現淡金色。麵包芯中具有厚度的氣泡膜濕潤又帶點光澤，吃起來嚼勁十足。因為大小的關係，氣孔會分布得比較不均匀，裡面有許多不規則的大氣孔。

材料（長度約25cm 2條份）	分量	烘焙百分比
北海道產高筋麵粉 北之香	200g	100%
鹽（海鹽）	3.7g	1.85%
速發乾酵母	0.4g	0.2%
麥芽精	1g	0.5%
水*（調整溫度，參照 p.12）	180g	90%
（Contrex 礦泉水）	（35g）	（17.5%）
（自來水）	（145g）	（72.5%）
手粉	適量	

＊使用evian礦泉水的話，就替換全部的水量。

道具 和「基本的長棍麵包」相同（參照p.19）。

製作流程

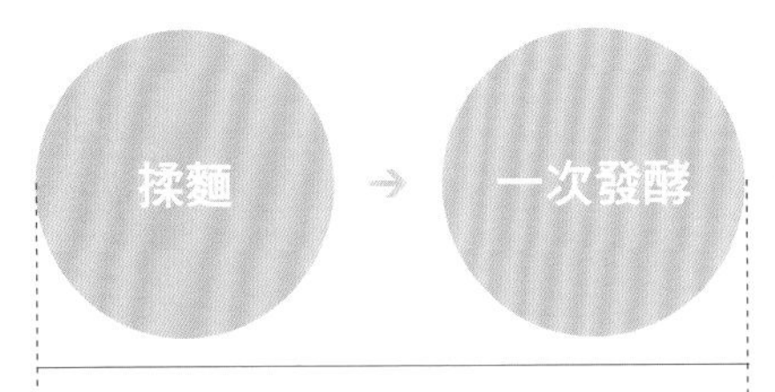

和「基本的長棍麵包」p.20～25步驟1～16相同。

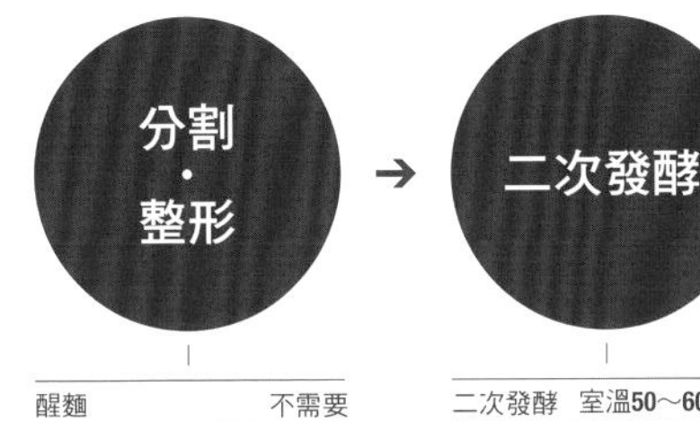

醒麵 不需要

二次發酵 室溫50～60分鐘

切割刀痕・烘烤

和「基本的長棍麵包」p.31～33步驟30～35相同。

這裡不一樣！

分割

和**p.25～26步驟17～20**相同，接著跳過「基本的長棍麵包」**p.27步驟21**的「醒麵」，直接進行整形作業。

整形

23 調整形狀

以切麵刀將折成三折的麵團翻面，用手掌將麵團輕壓成正方形。
接下來的動作和**p.28～30步驟24～28**一樣。

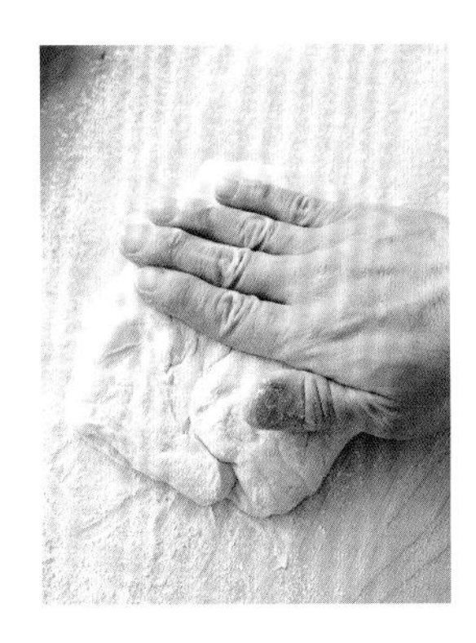

二次發酵

29 進行二次發酵

蓋上塑膠布防止乾燥，在室溫中靜置50～60分鐘，進行二次發酵。

POINT

因為高筋麵粉製成的麵團麩質較多，低溫發酵後要趁麵團還是冰的時候馬上整形，再花時間慢慢地進行二次發酵，讓緊縮的麵團能充分地鬆弛。

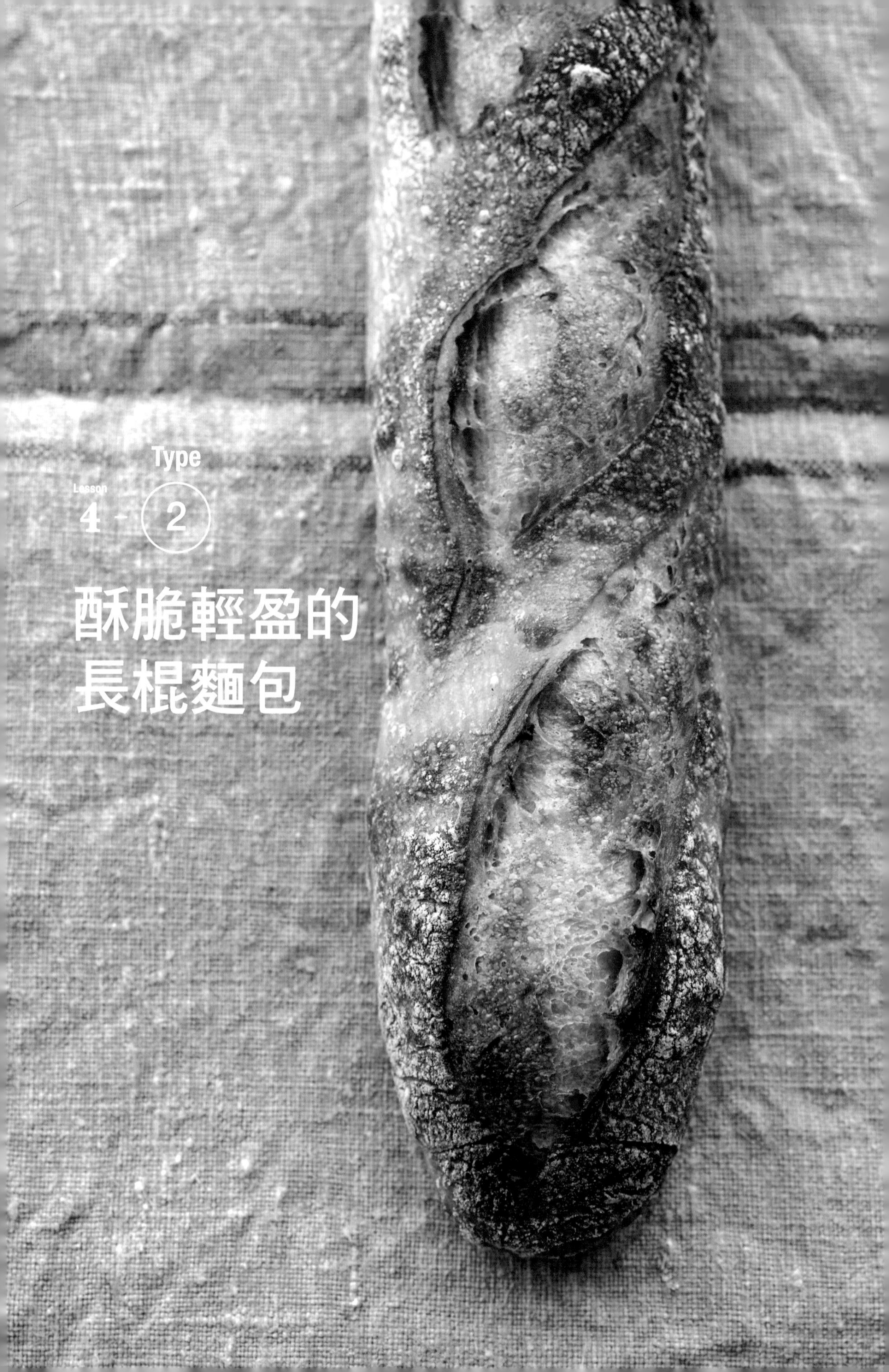

Lesson 4 - Type 2

酥脆輕盈的長棍麵包

使用的麵粉

百合花 〈Lys d'or〉

目標是做出濕潤又輕盈，適合搭配各種料理，讓人吃不膩的長棍麵包。
這裡使用的是製作法國麵包用的準高筋麵粉「百合花」，做出來的麵包香脆又輕盈。
折疊麵團時稍微下點功夫，讓麵團能飽滿地膨脹，做出組織粗糙的麵包芯和輕盈的口感。

[detail]

刀痕均勻地裂開，
內芯分布大小不一的氣孔

三道刀痕幾乎均勻地裂開，麵包也充分地向上延展，外皮烤得金黃酥脆。麵包芯中有許多薄膜形成的大小氣孔，使麵包的口感十分輕盈。

材料（長度約25cm 2條份）	分量	烘焙百分比
準高筋麵粉 百合花	200g	100%
鹽（岩鹽）	3.8g	1.9%
速發乾酵母	0.5g	0.25%
麥芽精	1g	0.5%
水*（調整溫度，參照 p.12）	150g	75%
（Contrex 礦泉水）	（30g）	（15%）
（自來水）	（120g）	（60%）
手粉	適量	

＊使用evian礦泉水的話，就替換全部的水量。

道具 和「基本的長棍麵包」相同（參照p.19）。

製作流程

水合作用	30分鐘
攪拌完成溫度	18～22℃
醒麵	30分鐘
麵團溫度	18～22℃
醒麵	30分鐘
麵團溫度	18～22℃

和「基本的長棍麵包」**p.24～33步驟13～35**相同。
不過，**步驟15「預備發酵」是放在室溫中30～40分鐘**＊。

＊多了一個折疊的步驟，發酵力也會增加，因為長時間放在室溫中，如果預備發酵的時間和「基本的長棍麵包」一樣的話，麵團會變鬆散沒有嚼勁，所以要將預備發酵時間縮短。

這裡不一樣！

揉麵

溶解麥芽精～測量麵團溫度
和「基本的長棍麵包」**p.20～23步驟1～12**一樣。

13
折疊麵團

捏起麵團往上拉，再向中心折疊。繞著中心折疊一圈。

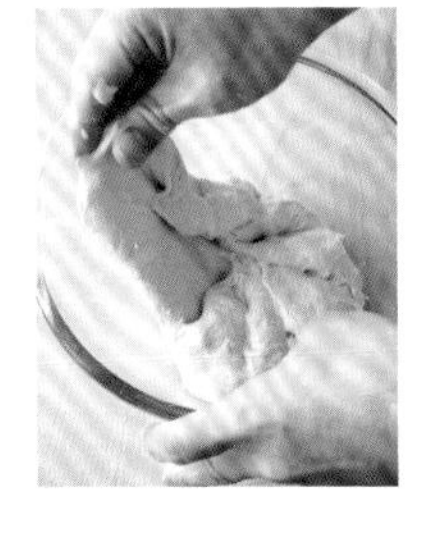

POINT

折疊麵團可以排出麵團中的氣體，並且促進酵母活性化，刺激麩質產生彈性，讓麵團充分膨脹。

14
醒麵30分鐘

蓋上保鮮膜防止麵團乾燥，放在室溫中醒麵30分鐘。醒麵完成後，量一下麵團溫度，確認溫度為18～22℃。

POINT

因為增加了折疊的步驟，所以要放在室溫中久一點，請留意麵團的溫度。

Lesson 4 — Type 3

稜角分明的長棍麵包

使用的麵粉

Type65

目標是做出刀痕邊緣豎起且硬脆的時髦長棍麵包。
使用帶有獨特香氣和甜味的100%法國小麥製成的準高筋麵粉「Type65」，
並且縮短二次發酵的時間，做出稍微偏硬外皮的長棍麵包，
如此一來，有著漂亮曲線的刀痕邊緣就會豎起銳利的稜角了。

[coupe]

酥脆且高度差明顯

酥脆的邊緣部分立起，使漂亮裂開的刀痕有著明顯的高度差。

[crum]

濕潤且充滿氣孔

帶點黃色的濕潤麵包芯裡，均勻地散布了大小不一的氣孔。

材料（長度約25cm 2條份）	分量	烘焙百分比
法國產準高筋麵粉 Type65	200g	100%
鹽（海鹽）	3.6g	1.8%
速發乾酵母	0.5g	0.25%
麥芽精	1g	0.5%
水*（調整溫度，參照 p.12）	152g	76%
（Contrex 礦泉水）	（30g）	（15%）
（自來水）	（122g）	（61%）
手粉	適量	

＊使用evian礦泉水的話，就替換全部的水量。

道具 和「基本的長棍麵包」相同（參照p.19）。

製作流程

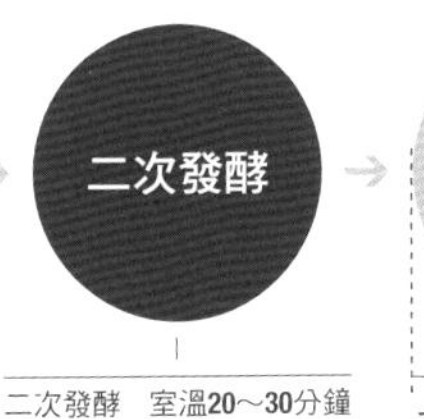

切割刀痕・烘烤

＊Type65這種麵粉對溫度比較敏感，溫度稍微高一點就烤不出其獨特的味道，所以放在室溫中預備發酵的時間要縮短。

和「基本的長棍麵包」**p.20～29步驟1～27**相同。
不過，**步驟15「預備發酵」是放在室溫中20～30分鐘***。

二次發酵　室溫**20～30**分鐘

和「基本的長棍麵包」**p.31～33步驟30～35**相同。

這裡不一樣！

二次發酵

28

將麵團放在發酵布上

和「基本的長棍麵包」**p.30步驟28**相同。

29

二次發酵

蓋上塑膠布防止乾燥，讓麵團在室溫中靜置20～30分鐘，進行二次發酵。

POINT

稍微縮短二次發酵的時間，在發酵力正強的時候將麵團放入烤箱中使其瞬間膨脹，刀痕的邊緣才會立起來。

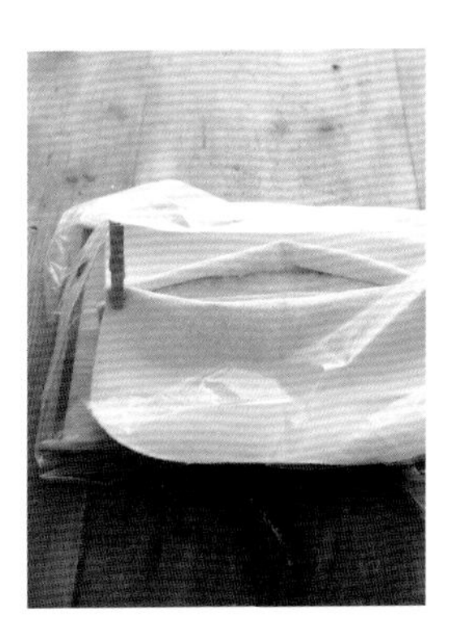

Lesson 4 - Type 4

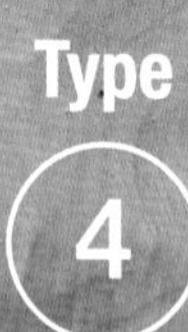

香氣撲鼻的長棍麵包

使用的麵粉

特里亞特號 〈Teria特号〉

目標是做出飄散著小麥芳香，而且愈嚼愈香的長棍麵包。
使用滋味豐富且帶有甜味的岩手縣產南部小麥高筋麵粉「特里亞特號」，
充分地突顯出混合了全粒粉的小麥香氣和鮮味，
做出來的長棍麵包蓬鬆飽滿，質地柔軟又有彈性。

[detail]

薄膜縱向伸展，氣孔分散。
質地蓬鬆又柔軟

刀痕漂亮地裂開，外皮也很薄脆。濕潤的的麵包芯中，布滿了縱向延展的薄膜形成的氣孔，使麵包整體的質地蓬鬆又柔軟。

材料（長度約25cm 2條份）	分量	烘焙百分比
日本產高筋麵粉 特里亞特號（南部小麥）	180g	90%
全粒粉	20g	10%
鹽（岩鹽）	3.6g	1.8%
速發乾酵母	0.4g	0.2%
麥芽精	1g	0.5%
水*（調整溫度，參照p.12）	156g	78%
（Contrex 礦泉水）	（35g）	（17.5%）
（自來水）	（121g）	（60.5%）
手粉	適量	

＊使用evian礦泉水的話，就替換全部的水量。

道具 和「基本的長棍麵包」相同（參照p.19）。

製作流程

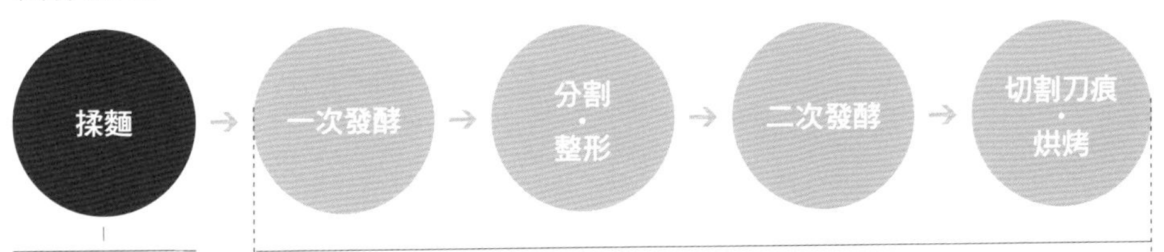

水合作用	30分鐘
攪拌完成溫度	18～22℃
醒麵	30分鐘
麵團溫度	18～22℃

和「基本的長棍麵包」**p.24～33步驟13～35**相同。
不過，**步驟15「預備發酵」是放在室溫中20～30分鐘**＊。

＊因為混合的全粒粉本身就有促進發酵的功用，麵團溫度很快就會上升，發酵作用也會進行得比較快。為了防止發酵過度，必須將預備發酵時間縮短，盡快放入冰箱中冷藏，降低溫度。

這裡不一樣！

揉麵

溶解麥芽精～溶解酵母
和「基本的長棍麵包」**p.20 步驟1～3**一樣。

4
加入麵粉攪拌

將高筋麵粉及全粒粉篩入盆中，用木匙攪拌，使麵粉能吸收水分。

將麵團揉成團～測量麵團溫度
和「基本的長棍麵包」**p.21～23步驟5～12**一樣。

認識麵粉，挑選麵粉

麵包的風味與口感會因為選擇的麵粉不同而有很大的差異。
以下會介紹幾款長棍麵包的特色，它們所使用的都是可以在烘焙材料行取得的麵粉。

配方參考基準（長約25cm 2條份）

	分量	烘焙百分比
麵粉	200g	100%
鹽	3.6g	1.8%
速發乾酵母	0.4g	0.2%
麥芽精	1g	0.5%
水*	建議加水率	

*吸水量因麵粉的性質而異，
請確認各款麵粉的建議加水率。

Voice

這裡雖然有寫上各種麵粉的建議加水率（%），卻沒有標示蛋白質及灰分的的含量。原因如下所述：

沒有標示的蛋白質含量是因為即使有標示也無法直接得知確切的麩質含量，所以很難成為加水量的指標。此外，灰分指的是在小麥外皮和胚芽部分的礦物質，會用灰分來判斷麵粉是否符合自己的喜好，或是否適合自己的人，通常是專業人士或以成為專業人士為目標的人。再加上，灰分含量比較高的話，二次發酵的時候麵團容易扁塌。不過，這對需要在30℃以上的環境發酵1小時左右的吐司及需要做出高度的麵包的成品影響較大，長棍麵包則是不太需要擔心。

比起數值，應該觀察的是數值無法顯示出來的部分。偏黃的麵粉帶有甜味，且鮮味比較濃郁，可以烤出具有彈性且香甜的麵包，不過香氣比較單調。接近灰色的麵粉帶有小麥的香氣和其他複雜的氣味，風味強烈，鮮味很濃郁，質地也很水潤，不過甜味比較清淡一點。還有一種介於兩者之間的麵粉是白色的。像這樣由外觀來判斷，以甜味及香氣作為大略的分類基準，對各位應該會有幫助。

高筋麵粉
（日本小麥）

北之香
(Kitanokaori)

建議加水率 90%

使用北海道產小麥。特色是像越光米一般強烈的鮮味和甘甜的香氣。外皮香酥且烤色漂亮，麵包芯偏黃，口感柔軟有彈性。

雪之力
(Yukichikara)

建議加水率 76%

使用岩手縣產小麥。特色是如同笹錦米般清爽的風味。帶有小麥的香氣，質地濕潤。

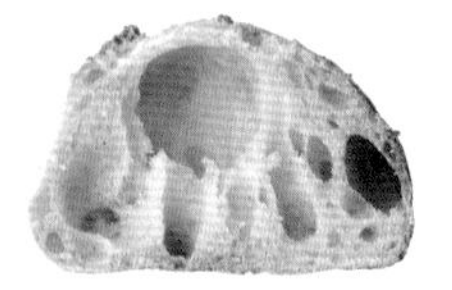

特里亞特號
(Teria 特号)

建議加水率 78%

使用岩手縣產南部小麥。小麥的鮮味明顯，香氣十足，特色是單純的後味。加水率太高的話容易變成沒有平淡又沒有特色的長棍麵包，需特別注意。在日本小麥的麵粉中，這款最容易做出具有銳利邊緣的刀痕。

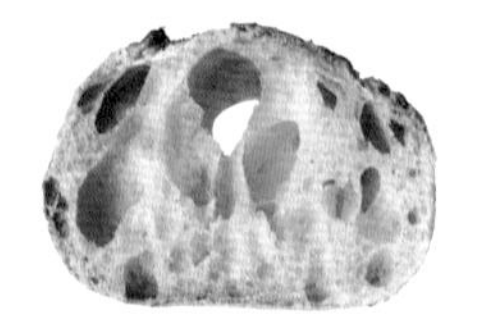

日式 Slow Bread
(Slow Bread Japanesque)

建議加水率 73%

使用北海道產小麥。烘烤小麥的甘甜香氣明顯，鮮味強烈，愈嚼愈有味道。在日本小麥麵粉中是操作起來最容易的一款。因為膨脹起來很有分量，所以揉麵使麵團出筋的時候要特別注意。

高筋麵粉
（北美小麥）

傳奇
(Legendaire)

建議加水率 80%

使用美國、加拿大小麥。特色是香氣強烈且鮮味濃厚，風味如全粒粉一般樸實。一次發酵後，進行分割整形作業時麵團會有點黏，操作時動作要輕柔。

Gristmill 石臼研磨

建議加水率 82%

使用加拿大小麥，並以石臼研磨製成。特色是帶有濃濃的小麥風味，和其他麵粉混合使用能更加突顯出魅力。在主要的麵粉中加入一成石臼研磨麵粉，可以讓麵團更容易產生氣孔。全部都使用這款麵粉的話，會殘留小麥特有的蒸煮香氣。

準高筋麵粉
（日本小麥）

TypeER

建議加水率	80%

使用北海道產小麥。小麥本身的香氣及甜味明顯，外皮酥脆，內芯柔軟有彈性。雖然吸水和揉麵等步驟有點困難，但是可以做出具有分量感的長棍麵包。質地很容易變得密實，所以揉麵時不要出力。

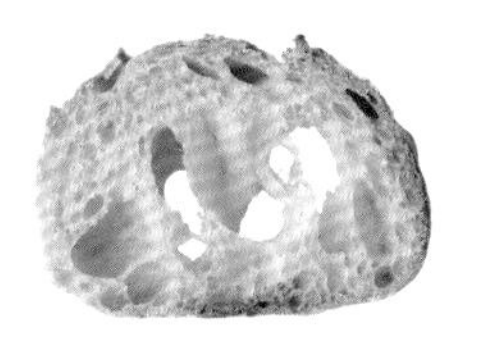

Ouvrier

建議加水率	73%

使用日本小麥，卻能重現法國小麥的風味。外皮香酥脆口，內芯輕盈濕潤，愈嚼麵粉的甜味就愈明顯，鮮味層次豐富。是一款適合低溫長時間發酵的麵粉。

準高筋麵粉
（法國小麥）

Type65
(Chérisy Tradition)

建議加水率	76%

柔軟又有彈性的麵包芯，愈嚼愈能感覺到香甜的滋味。揉好的麵團雖然偏硬，但是經過吸水、發酵之後，麵團容易因為鬆弛而扁塌，因此要注意不要加太多水。烘烤時膨脹效果明顯，所以刀痕邊緣也容易立起。

Merveille

建議加水率	73%

這款是為了重現法國最常用的「Type65」的風味，特別使用100%法國小麥在日本製成的麵粉。做出來的麵包鮮味強烈，麵包芯有濃郁的奶香，刀痕可以充分地展開，味道芳醇又有層次感。

傳統法國麵包粉
(La tradition française)

建議加水率	72%

這款是為了製作傳統長棍麵包特別開發的麵粉。烤出來的外皮香脆，而奶油色的內芯滋味豐富，質地柔軟又帶有彈性，化口性佳。此外，刀痕也裂得很漂亮，邊緣比較容易立起來。是一款比例均衡，讓人想不斷咀嚼回味的長棍麵包。

Terroir Pur

建議加水率	73%

具有小麥樸素的香氣和鮮味，咀嚼的同時芳醇的風味會隨之在口中擴散開來。在法國小麥粉中是相對容易操作的一款，能做出香酥外皮與口感Q軟內芯的麵包。

中筋麵粉（日本小麥）

épais

建議加水率	73%

使用北海道產小麥。做出來的麵包外皮像穀片一樣輕盈酥脆，內芯呈現濃濃的奶油色，質地濕潤又有彈性，而且甜味和鮮味都很濃郁。可以選擇適合的料理搭配那股甜味。一次發酵後麵團會有點黏，操作時動作要輕柔。

準高筋麵粉（調和麵粉）

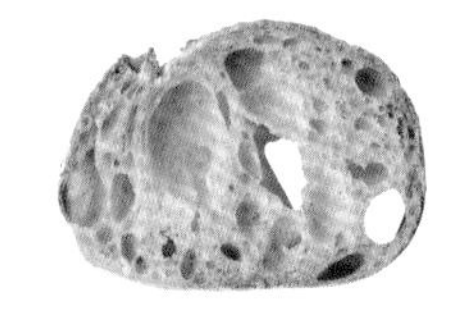

熊本莫魯道 石臼粉

建議加水率	75%

配方中加入法國小麥，並以用石臼研磨製成的麵粉。特色為獨特的香氣及法國小麥的甜味。可以做出外皮酥脆、內芯彈牙的長棍麵包。

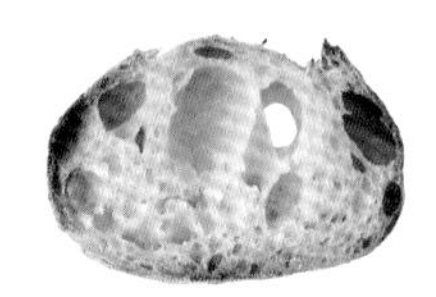

梅森凱瑟 傳統法國粉

建議加水率	76%

特色是宛如焙炒黃豆粉般的香氣。做出來的長棍麵包刀痕比較容易裂開，而且能烤出口感酥脆的外皮。這款奶油色的麵粉帶有強烈的鮮味，所以烤好的成品可能會殘留小麥特有的蒸烤香氣。可以和其他主要麵粉混用。

百合花

(Lys d'or)

建議加水率	75%

具有小麥樸素的香氣，外皮薄脆，內芯濕潤且滋味豐富。可以做出每天吃都不會膩的長棍麵包。適合低溫長時間發酵。充分地吸收水分就能帶出這款麵粉特有的風味。是一款新手也很適合使用的麵粉。

客棧

(Auberge)

建議加水率	75%

能做出外皮輕盈酥脆，麵包芯柔軟又有彈性的口感。烘烤時延展性佳，刀痕容易裂開。當成主食麵包可以襯托出料理的味道，同時又有不輸料理的均衡風味。是款可以推薦給製作長棍麵包愈來愈上手的人的進階款麵粉。

麵粉特性圖表

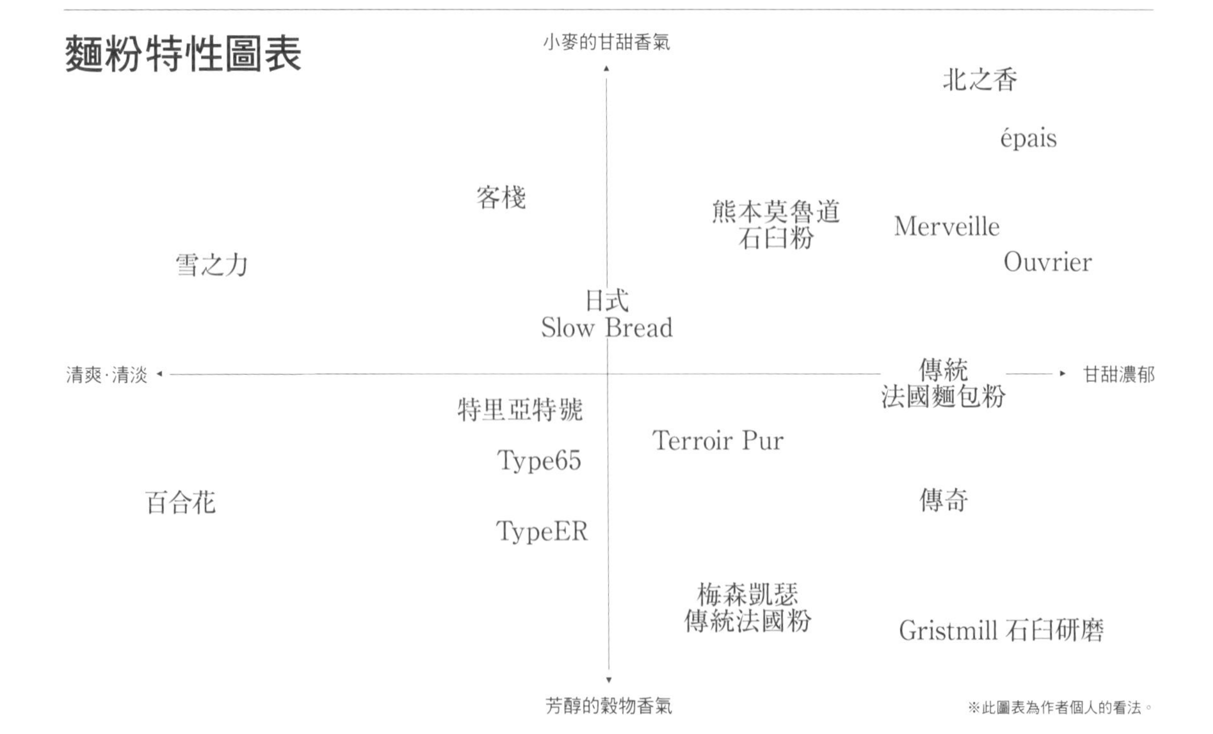

※此圖表為作者個人的看法。

column 3

自行調配麵粉的樂趣

使用特色明顯的麵粉時，如果只用單一種類製作長棍麵包，除了突顯出它的長處之外，也會暴露其弱點，如同一把兩面刃。麵包店的主廚通常會構思以2～3種，甚至是5種以上的麵粉調和成的麵粉來製作店裡的招牌長棍麵包。聽到調和就會想到咖啡，長棍麵包也是同樣的道理。正因為都是些簡單的材料，使用各種具有不同特色的麵粉調配出自己理想的長棍麵包配方，才能突顯出麵包師傅的功力。在這裡讓我們稍微接觸一下調配麵粉的樂趣吧！

Type

甜味明顯且
香味芳醇的長棍麵包

傳統法國麵包粉 **80**% ＋ 北之香 **20**%

建議加水率	75%

在小麥鮮味及香氣均衡的傳統法國麵包粉中，加入甜味鮮明且香氣也帶有甘甜味道的北之香，咬下去的瞬間可以感覺到麵粉的鮮甜在口中擴散，是一款香味明顯的長棍麵包。

Type

鮮味強烈又
濕潤的長棍麵包

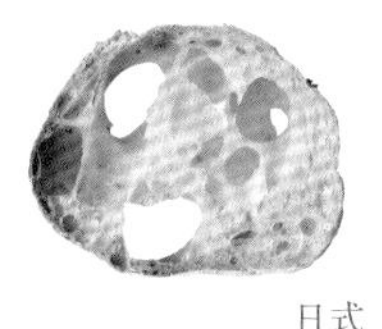

特里亞特號 **50**% ＋ 日式Slow Bread **50**%

建議加水率	75%

特里亞特號清爽的味道中帶點小麥樸素的風味，不過它是款膨脹效果不太穩定的麵粉，所以搭配了等量的日式Slow Bread，其鮮味強烈，而且容易做出蓬鬆的麵包，兩者混合可以做出質地水潤又有豐富滋味的長棍麵包。

Type

搭配料理的
副餐麵包

客棧 **80**% ＋ 傳奇 **20**%

建議加水率	76%

這個配方有明顯的小麥香氣和酥脆的外皮。以風味均衡的客棧加入鮮味濃郁且帶有彈性的傳奇補強，做出不輸厚重的料理，本身的味道又不會太搶眼的長棍麵包。

Type

帶有甜味及豐富香氣，
化口性佳的長棍麵包

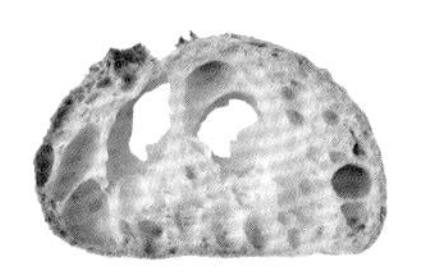

客棧 **60**% ＋ 特里亞特號 **40**%

建議加水率	73%

在小麥鮮味及甜味明顯的客棧中，加入帶有小麥樸素香氣及清爽滋味的特里亞特號，做出柔軟又香甜的長棍麵包。混合了特里亞特號的麵粉具有不沾黏的優點，對新手來說比較好操作。

決定調和麵粉加水量的方法

各種麵粉的蛋白質、麩質、澱粉含量會影響調和麵粉的吸水量。
自行調配麵粉的時候，可以以各種麵粉的建議加水率為基準，
並用混合的配方比例做計算，再依麵團的目的做增減。

> （麵粉1的建議加水率(%)×配方比例(成)＋麵粉2的建議加水率(%)×配方比例(成)）÷10
> ＝
> 調和麵粉的建議加水率(%)

例 Type1傳統法國麵包粉8成＋北之香2成

傳統法國麵包粉的建議加水率為72%（參照p.67）。
北之香的建議加水率為90%（參照p.66）。

$(72\times8+90\times2)\div10=75.6(\%)$

推算出每100g調和麵粉的建議加水量為75.6g。也就是說200g的傳統法國麵包粉及北之香調和麵粉，建議加入151.2g的水。

Lesson

5

利用自製酵母做長棍麵包！

使用的麵粉

傳統法國麵包粉

（La tradition française）

使用果實及穀物為材料製作的自製酵母（天然酵母）中，除了適合用來製作麵包的酵母之外，還有其他各式各樣的酵母菌。因此發酵力較弱，酵母菌的數量也不一定。不過，各種菌在酒精發酵形成的香氣和水果及穀物本身的味道融為一體之後，也為麵包帶來了獨特的風味和口味。為了讓不安定的發酵力更穩定，並突顯自製酵母特有的深層滋味及多樣化的風味，這裡採用了「液種法（Poolish）」製作長棍麵包。液種法是指事先將一部分的麵粉跟酵母、水混合，製成發酵的麵團（酵頭），接著，將酵頭加入其餘的麵粉中進行發酵作用。如此一來，不僅能讓發酵力更穩定，水分滲透進麵粉的時間拉長之後，麵團在烘烤時的延展性也會更高。不過，要注意的是，因為和一般麵團相比之下麩質較多，所以揉麵、分割、整形的時候不要施加多餘的壓力，否則麵包會變硬。這裡使用的自製酵母是用葡萄乾製成的葡萄乾酵母。麵粉則是選用鮮味和香味都很豐富的法國小麥準高筋麵粉「傳統法國麵包粉」，藉以襯托出葡萄乾的甘甜香氣。

[detail]

外皮金黃香酥，
內芯的氣孔薄膜粗糙且縱向延展

這種麵包的外皮烤色較深，且麵包芯的氣孔粗大。麵團的筋膜薄透，且以縱向充分延展。

道具 和「基本的長棍麵包」相同（參照p.19）。

材料（長度約25cm 2條份）	分量	烘焙百分比
液種酵頭用		
準高筋麵粉 傳統法國麵包粉	50g	25%
鹽（海鹽）	1g	0.5%
葡萄乾酵母液（參照 p.75）	15g	7.5%
自來水	40g	20%
麵團用		
準高筋麵粉 傳統法國麵包粉	150g	75%
鹽（海鹽）	2.6g	1.3%
葡萄乾酵母液（參照 p.75）	25g	12.5%
麥芽精	1g	0.5%
水*（調整溫度，參照 p.12）	66g	33%
（Contrex 礦泉水）	（26g）	（13%）
（自來水）	（40g）	（20%）
手粉	適量	

＊使用evian礦泉水的話，就替換全部的水量。

製作流程

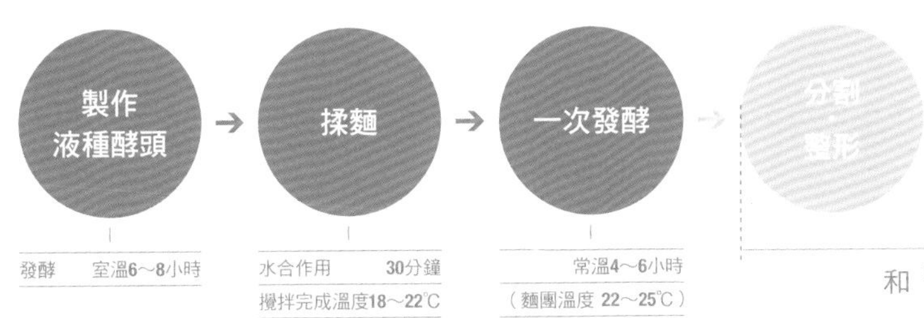

製作液種酵頭：發酵 室溫6～8小時

揉麵：水合作用 30分鐘／攪拌完成溫度18～22℃／醒麵 30分鐘（麵團溫度18～22℃）

一次發酵：常溫4～6小時（麵團溫度 22～25℃）

和「基本的長棍麵包」p.25～33 步驟17～35相同。

製作液種酵頭

1

混合材料

將葡萄乾酵母液（作法參照p.75）放入瓶中上下搖晃，混合均勻後迅速地以茶篩過濾。

將水和葡萄乾酵母液倒入盆中混合，用打蛋器攪拌均勻。

加入麵粉和鹽，攪拌到沒有粉粒為止。

2

常溫發酵

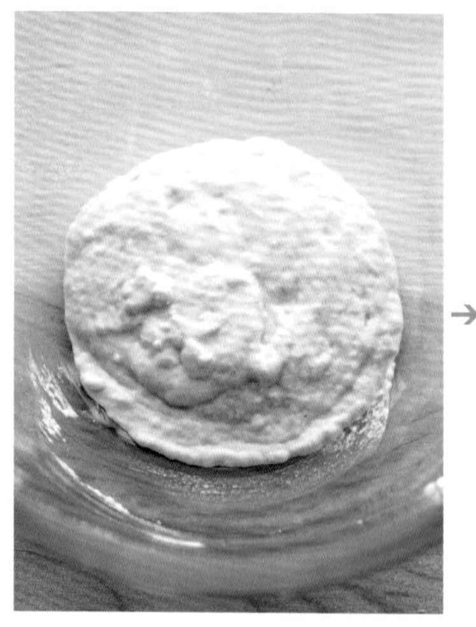

覆蓋保鮮膜防止麵團乾燥，放在室溫中6～8小時進行發酵。

液種酵頭完成。

POINT

和水分充分融合，麵團表面也很濕潤。

Voice

液種酵頭放在乾淨的密閉容器中，可以冷藏保存2天。事先多做一些放著備用很方便。

揉麵

3
混合材料

將麥芽精塗抹在放入液種酵頭的盆中。

加入水和麵粉，以木匙攪拌混合，讓麵團充分地吸收水分。

4
水合作用30分鐘

當盆中看不見水分時將麵團收成一團，覆蓋保鮮膜防止乾燥，放在常溫中進行水合作用30分鐘。

加鹽～測量麵團溫度

和「基本的長棍麵包」p.22～23步驟7～12相同。

一次發酵

將麵團放上作業台～折成三折

和「基本的長棍麵包」p.24步驟13～14相同。

15
室溫中進行一次發酵

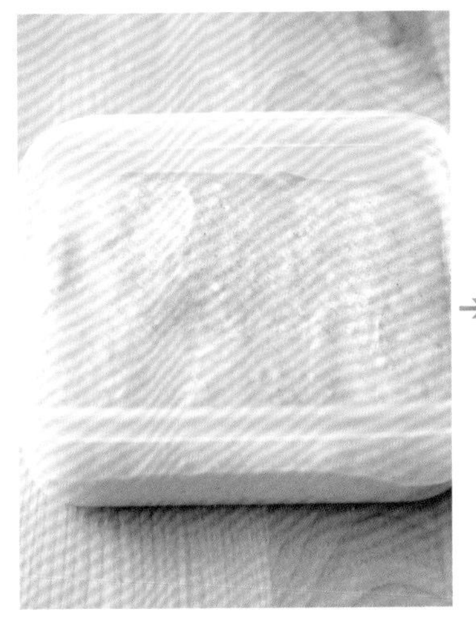

將折成三折的麵團放入保存容器中，蓋上蓋子，在室溫中靜置4～6小時，進行一次發酵。

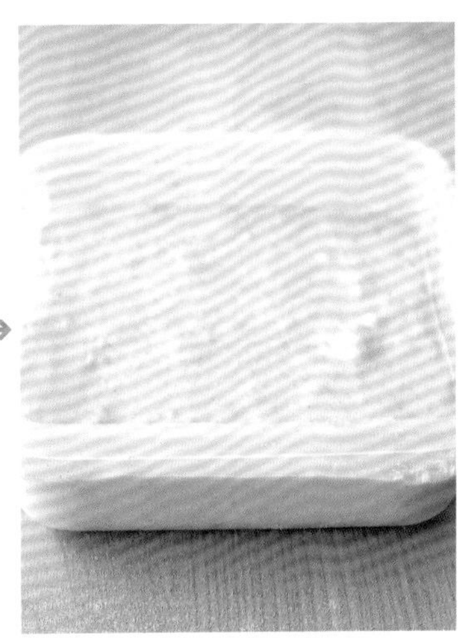

麵團膨脹至比原來大一倍，一次發酵就完成了。

分割・整形～二次發酵

和「基本的長棍麵包」p.25～31
步驟17～29相同。

切割刀痕

和「基本的長棍麵包」p.31～32
步驟30～32相同。

切出三道刀痕，靜置大約30秒，讓刀痕因為麵團的重量自然撐開。

烘烤

和「基本的長棍麵包」p.33
步驟33～35相同。

放入預熱至280℃的烤箱中，將烤箱溫度調至250℃，接著開啟蒸氣功能10分鐘，烘烤20～25分鐘。

自製葡萄乾酵母

使用自製酵母做長棍麵包，要從酵母液開始做起。
從開始製作到可以使用的狀態大約需要7天。
看著在材料和水中冒泡的酵母，享受培養過程的樂趣。

材料（完成的分量約150～160mℓ）	分量
葡萄乾（無油）*	100g
自來水	200g
蜂蜜	5g

＊使用含油的葡萄乾比較不容易喚醒酵母菌。還有，因為酵母菌是附著在葡萄乾表面，所以葡萄乾使用前不需要清洗。

! 人的手、廚具和空氣中都存在著無數的細菌，為了確保保存瓶中不會成為雜菌的溫床，請嚴守以下事項：
手…觸碰保存瓶之前一定要用肥皂洗手。
廚房紙巾…瓶子一定要用廚房紙巾擦拭。就算是剛洗好的抹布也不能用。
攪拌…不要用湯匙等工具，直接搖晃瓶子攪拌就好。

! 「室溫」指的是對人而言可以舒適生活的溫度區間。對酵母來說，人類生活的室溫房間內也是個適合發酵的環境。不過，飄散塵埃的臥室等房間並不適合。太靠近冷、暖氣機的位置也不行。還有，陽光直射的地方會有殺菌的紫外線，所以絕對不能將酵母放在那裡。

道具 □ 電子秤 □ 保存瓶（容量約450mℓ） □ 鍋子（可以浸泡保存瓶的深度） □ 長夾（或長筷） □ 廚房紙巾

前置準備

將保存瓶的瓶身及瓶蓋用洗碗精清洗過後放入鍋中，加入可以蓋過整個瓶身的水量，以大火加熱。煮沸後轉成中火，讓熱水表面保持波浪般滾動的沸騰狀態（90℃以上），加熱5分鐘以上。這時，將長夾的前端也泡進熱水中煮沸。煮沸後，用長夾將瓶蓋及瓶身取出，倒放在廚房紙巾上，不需要擦拭，讓餘熱使瓶子自然乾燥（瓶中也不用擦拭）。

POINT
有些瓶子若突然放入熱水中，可能會因為溫度產生急遽變化而破裂，所以要先將瓶子放進水中慢慢加熱煮沸。蓋子煮太久可能會變形，大概煮3分鐘左右就可以拿起來了。熱水溫度較低（70～80℃，冒著小泡泡的沸騰狀態）的話，要煮15分鐘左右。

作法

1

煮沸消毒過的瓶子完全晾乾，降至人體肌膚溫度左右時，將葡萄乾、水、蜂蜜放入瓶中，蓋上蓋子，搖動瓶子使材料混合。

POINT
將材料事先秤好放入其它容器中的話會沾染到雜菌，可以將保存瓶直接放在電子秤上，再將材料分別加入瓶中秤重。如果要用湯匙等工具的話，要事先用酒精或煮沸消毒。

2

在常溫中靜置3～7天等待其發酵（喚醒酵母）。這段期間內，每天搖一次瓶子，並將蓋子打開接觸新鮮空氣。

POINT
根據溫度和環境，所需的發酵時間多少會有差距。請視瓶內的情況做調整。

一邊將葡萄乾放入煮沸消毒過的瓶子中，一邊秤重。

加入材料分量的自來水及蜂蜜。

搖晃瓶子使葡萄乾和水混合均勻。

確認發酵情況

第1天

葡萄乾全部沉在瓶底，水呈現半透明的狀態。

第2天

葡萄乾因吸水而膨脹，有些葡萄乾浮到上方了。

第3～4天

葡萄乾周圍開始出現氣泡，打開蓋子時會聽到咻咻的噴氣聲，並且冒出大量泡沫。

第5～7天

葡萄乾的狀態趨於穩定，打開蓋子時不會像前幾天那樣冒出許多泡沫。

Voice

將完成的葡萄乾酵母液連同葡萄乾一起放入冰箱中冷藏保存。將瓶子放在冰箱深處，比較不會受到冰箱門開關的溫度變化影響。大約可以保存1個月。3～4天搖晃一次瓶子，攪拌瓶中的材料，並將蓋子打開接觸新鮮空氣。

像左邊的瓶子一樣，瓶底堆積了白色的沉澱物就代表酵母液完成了。

遇到以下情況時…

• 水面上發黴的話

如果是白色的黴菌只要用乾淨的湯匙將其撈出來即可。不過，如果是藍黑或綠色的黴菌就表示已經腐壞了，必須全部丟棄，從頭開始製作。

• 酷暑及寒冬遇到的發酵問題

在室溫較高的季節裡發酵速度也會比較快，所以很難看出發酵的情況。冬天要花7天的時間發酵，在夏天可能3～4天就完成了，所以早晚都要確實地確認發酵情況，不能偷懶。發酵速度太快的話麵包會帶有少許酸味，不能接受酸味的人請將酵母液放在涼爽的地方，延緩發酵速度。相反地，冬天時發酵會晚個1～2天，好幾天都還沒開始發酵冒泡還是要忍耐，慢慢等待。也可以將一天攪拌一次及開蓋的動作改成一天兩次，促進發酵作用。

• 最後剩下的葡萄乾

酵母液用完之後會剩下吸滿水分而膨脹鼓起的葡萄乾。可以用手將其擠乾，將酵母液用到一滴不剩！

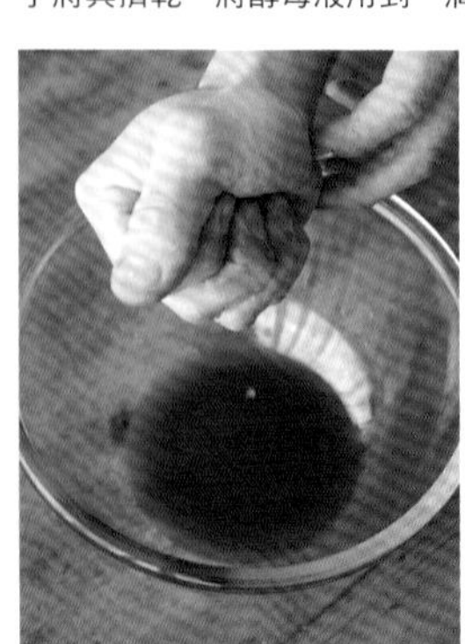

最後，將葡萄乾吸收的酵母液擠乾。

更方便的自製酵母

星野天然酵母和AKO天然酵母都是製作麵包時能輕鬆挑戰的米麴酵母。
將粉末狀的乾燥酵母和水混合發酵，製成生種，再將其加入麵粉中製成麵團。
使用這種酵母可以讓不穩定且不容易判斷的發酵時間變得比較安定，
味道也和一般常聽到「偏酸、偏硬、厚重」的自製天然酵母麵包不同，
做出來的麵包不僅沒有雜味，還能襯托出使用的麵粉風味，口感也很有彈性。
對葡萄乾酵母有點不放心的人可以使用這種酵母。

製作星野天然酵母・AKO天然酵母的生種

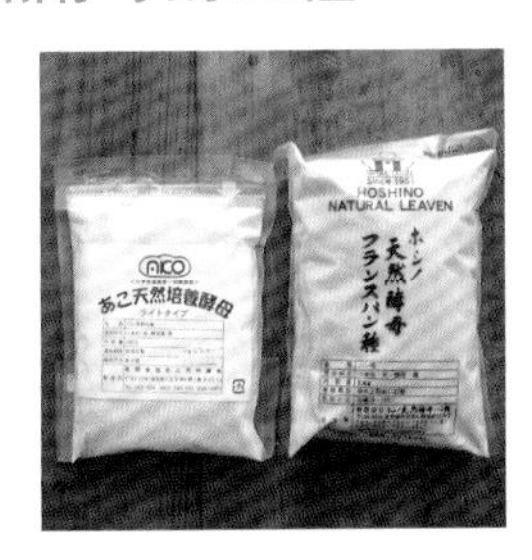

材料（完成的分量約300mℓ）	分量
酵母種	100g
溫水(自來水)*	200g

＊星野天然酵母的水溫為30℃，AKO天然酵母為40℃。

道具

- □ 電子秤
- □ 保存瓶（容量約450mℓ）
- □ 鍋子（可以浸泡保存瓶的深度）
- □ 長夾（或長筷）
- □ 廚房紙巾（或乾淨的布巾）
- □ 橡皮刮刀（或湯匙、免洗筷）

作法

1 將煮沸消毒過的瓶子（參照p.75「前置準備」）完全晾乾，降至人體肌膚溫度左右時，加入酵母種及溫水，用乾淨的橡皮刮刀攪拌均勻。待酵母種的顆粒吸滿水分，將材料攪拌混合成鬆散的豆渣狀（搖晃攪拌的手能感覺到重量的程度）。

2 蓋上蓋子，不用蓋緊，在28～30℃中靜置24小時，待其發酵。

3 完成時會變成流暢的液狀。耳朵靠近能聽到微微氣泡跳動的聲音，酵母還會散發出日本酒般的香氣，嚐一小口會感覺到類似啤酒的風味。

發酵前　　發酵後

Voice

做好的生種因為要讓空氣流通，所以蓋子不用蓋緊，放入冰箱中冷藏保存，盡量在1～2週內使用完畢。因為發酵力會愈來愈弱，所以使用超過1週的生種製作麵團時，要加入略少於0.5g的麥芽精，幫助發酵。

製作長棍麵包

材料（長度約25cm 2條份）	分量	烘焙百分比
北海道產準高筋麵粉 TypeER	200g	100%
鹽（海鹽）	3.7g	1.85%
麥芽精	1g	0.5%
生種	12g	6%
水*（調整溫度，參照 p.12）	145g	72.5%
（Contrex 礦泉水）	（40g）	（20%）
（自來水）**	（105g）	（52.5%）
手粉	適量	

＊使用evian礦泉水的話，就替換全部的水量。
＊＊因為生種是固體和液體各半混合而成的，所以假設生種有一半是水分來調整加水量。

道具 和「基本的長棍麵包」相同（參照p.19）。

作法

1 將麥芽精塗抹在盆底，倒入水後以打蛋器攪拌，讓麥芽精溶入水中。

2 加入生種及麵粉，以木匙攪拌混合。當盆中看不見水分時將麵團收成一團。

3 覆蓋保鮮膜防止麵團乾燥，放在室溫中進行水合作用30分鐘。

接下來的步驟和「利用自製酵母做長棍麵包」p.73～74「加鹽」～「烘烤」相同。

Lesson 6 - Type ①

長棍麵包的變化版本

樹葉富加司

使用的麵粉

épais

富加司（fougasse）的語源是拉丁文「focus」，指的是「爐子」。
在歐洲各地大多是做成圓形的扁麵包，葉片形狀的富加司
則是發祥於南法的普羅旺斯地區。
用模具將水平延展開來的麵團切出葉脈般的切口，麵團會沿著切口延展變大，
所以麵包芯不會像一般長棍麵包飽滿的鼓起，而是變成氣孔不多且帶有彈性的麵團。
硬要說的話，富加司應該算是種能享受到酥脆外皮的麵包。
為了做出輕盈酥脆的口感，所以使用了épais麵粉。

[detail]

外層酥脆，內芯黏牙

使用口感輕盈的épais能做出薄脆的外皮。麵包芯的部分氣孔不多，富有彈性。在一種麵包裡可以品嘗到各種美味。

材料（2個份）	分量	烘焙百分比
北海道中筋麵粉 épais	200g	100%
鹽（岩鹽）	3.6g	1.8%
速發乾酵母	0.5g	0.25%
麥芽精	1g	0.5%
水*（調整溫度，參照 p.12）	144g	72%
（Contrex 礦泉水）	（30g）	（15%）
（自來水）	（114g）	（57%）
手粉	適量	
鹽（表面用）	適量	

＊使用evian礦泉水的話，就替換全部的水量。

道具 和「基本的長棍麵包」相同（參照p.19）。不過，不需要發酵布、移麵板及整形刀。

製作流程

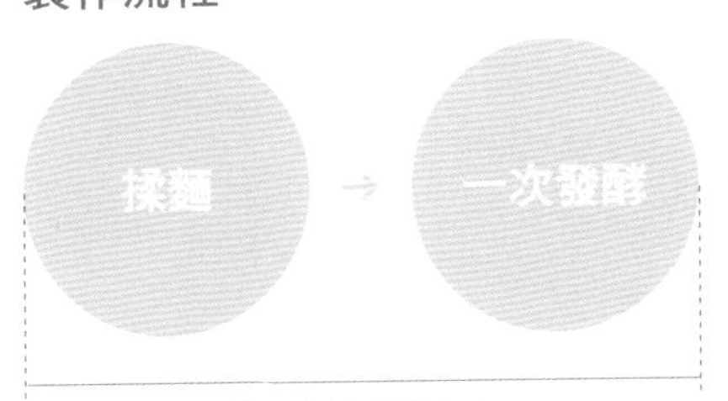

和「基本的長棍麵包」p.20～25步驟1～16相同。

→ 分割・整形 → 二次發酵 → 切割刀痕・烘烤

分割・整形：醒麵 30～40分鐘（麵團溫度12～14℃）

二次發酵：二次發酵 室溫20分鐘

切割刀痕・烘烤：烤箱預熱 280℃；烘烤 250℃18～20分鐘（蒸氣功能10分鐘）

這裡不一樣！

分割

17 將麵團放上作業台

和「基本的長棍麵包」p.25步驟17相同。

18 將麵團斜切成兩份

將麵團調整成正方形（參照**p.26步驟18**），以茶篩在一條對角線上撒麵粉。

→

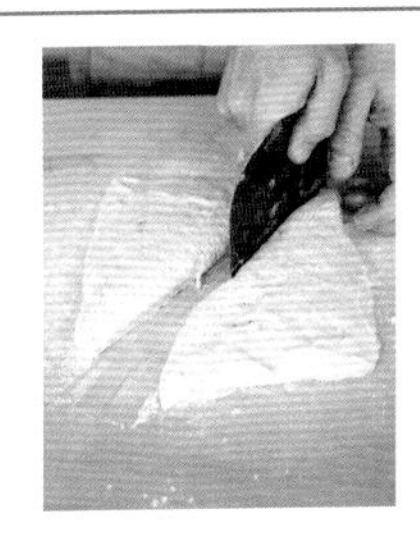

用切麵刀依對角線將麵團切半，變成兩個等腰直角三角形。

19

折成正方形

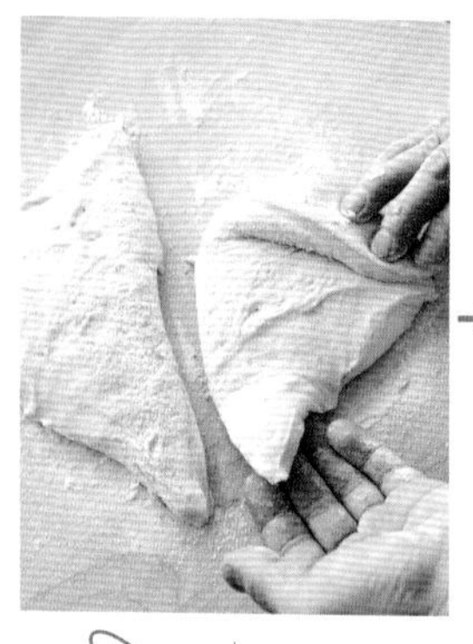

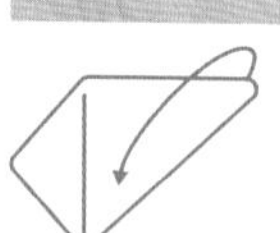

將等腰直角三角型的底角對準頂角往上折起來。

POINT

操作時動作要輕柔，避免弄破氣泡。麵團之間的隙縫不用捏起來封住。這個步驟如果沒有均勻地折成兩折，會影響烘烤完成的膨脹程度，所以要仔細地折疊。

20

調整形狀

用切麵刀從麵團的四邊往中間壓，將形狀調整成正方形。

21

醒麵 30～40分鐘

使用切麵刀將麵團以封口朝下的狀態，翻移到烤盤上。用毛刷將麵團表面多餘的麵粉刷除，再蓋上塑膠布防止乾燥，放在室溫中醒麵30～40分鐘。等麵團變得鬆弛且變大一圈就完成醒麵了。

POINT

烤盤上不用塗油或撒麵粉，也不用鋪烘焙紙，直接放上麵團就可以了。將杯狀模具放在烤盤的四個角落，這樣塑膠布才不會黏在麵團上。

整形

22

將麵團移到烘焙紙上

將烘焙紙裁成烤盤的尺寸後放到作業台上，以茶篩撒上麵粉。使用切麵刀將麵團從烤盤上拿起，以菱形的方向將麵團擺在烘焙紙上，再用沾了手粉的手輕輕將麵團壓平，上下拉一下，讓它看起來更像葉子的形狀。

POINT

一片烤盤能烤一個富加司。沒有兩片烤盤的話，可以在移動到烘焙紙上的這個步驟時，先用托盤代替一下烤盤，並且蓋上塑膠布（不要碰到麵團），放入冰箱中冷藏，延緩發酵。第一片富加司烤好之後，再將冰箱中的麵團取出，進行整形～二次發酵～烘烤。

23

切出開口

將切麵刀沾上麵粉，在麵團中央縱切一個開口。

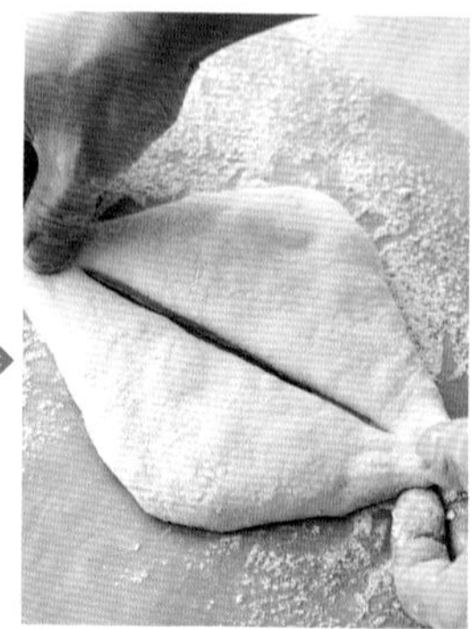

輕拉麵團的上下兩端調整形狀。

左右斜切數道葉脈狀的開口。

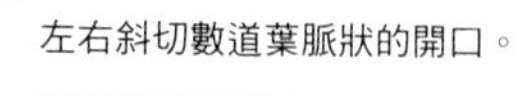

POINT

葉脈狀切口的數量和切法都沒有限制。想像葉子的樣子，自由地切開即可。

二次發酵

24
將開口拉大

將開口的部分拉開，調整成葉片的形狀。

POINT
操作時動作要輕柔，避免弄破麵團中的氣泡。

25
移到烤盤上

將烘焙紙和麵團一起移到烤盤（沒有預熱）上。

26
二次發酵

蓋上塑膠布防止麵團乾燥，在室溫中靜置20分鐘左右，進行二次發酵。待麵團變大一圈就完成了。

POINT
烤盤上不用塗油或撒麵粉，也不用鋪烘焙紙，直接放上麵團就可以了。將杯狀模具放在烤盤的四個角落，這樣塑膠布才不會黏在麵團上。

烘烤

27
噴霧

將噴霧器稍微傾斜，從上方斜斜地往麵團噴霧3～4次，讓水霧布滿麵團。

28
撒鹽

在表面撒上鹽。

29
以250℃烘烤18～20分鐘

放入預熱至280℃的烤箱中，再將烤箱溫度調至250℃，並設定蒸氣功能10分鐘，烘烤18～20分鐘。

Lesson 6 - Type ②

長棍麵包的變化版本

雜糧麵包

使用的麵粉

客棧 〈Auberge〉

將混合數種穀物的綜合穀粉加入麵團中，烤出來的麵包香氣十足，
帶有複雜的甜味和芳醇感。配合這股香氣，加入堅果增添口感變化並取得鮮味的平衡。
因為是一大塊麵團直接放在調理盤中烘烤，麵團本身的加水量要多一點，做出濕潤的麵包芯。
雖然加水量多，但是調理盤的邊緣可以當作牆壁，防止麵團朝水平方向扁塌，並使其縱向延展。
盡可能地將加水量提升至極限，就能做出兼具酥脆外皮和濕潤內芯的美味麵包。

[detail]

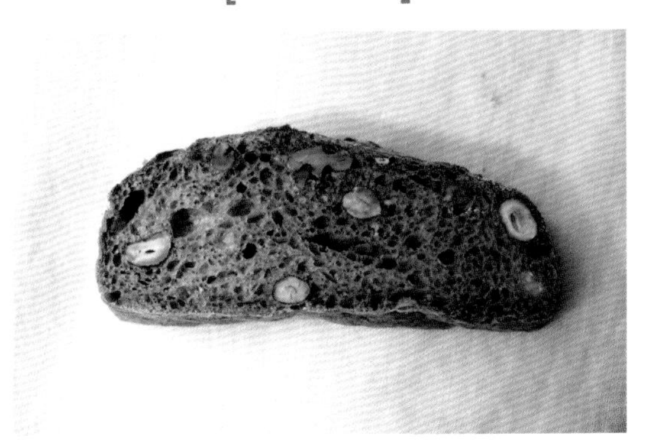

外皮薄脆，內芯濕潤有彈性

烤得薄脆的外皮是客棧麵粉的特色。麵包芯內充滿細小的氣孔，質地濕潤又有彈性。加入堅果可以讓口感更均衡。

材料（21×15cm的調理盤 1個份）	分量	烘焙百分比
準高筋麵粉 客棧	170g	85%
綜合穀粉	30g	15%
鹽（海鹽）	3.6g	1.8%
速發乾酵母	0.5g	0.25%
麥芽精	1g	0.5%
水*（調整溫度，參照 p.12）	156g	78%
（Contrex 礦泉水）	（30g）	（15%）
（自來水）	（126g）	（63%）
喜歡的堅果（烤過的）**	60g	30%
手粉	適量	

＊使用evian礦泉水的話，就替換全部的水量。
＊＊核桃、榛果、胡桃等單一品項，或是綜合堅果也可以。

道具 和「基本的長棍麵包」相同（參照p.19）。不過，需要增加調理盤（21×15cm），但不需要發酵布、移麵板及整形刀。

製作流程

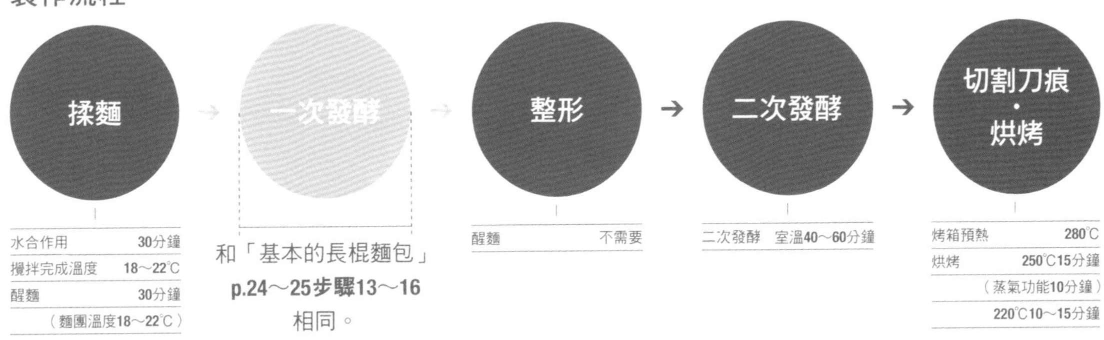

這裡不一樣！

揉麵

溶解麥芽精～溶解酵母
和「基本的長棍麵包」p.20 步驟1～3相同。

4 加入麵粉

綜合穀粉

將麵粉及綜合穀粉放入盆中，以木匙攪拌使麵粉吸收水分。

將麵團揉成團～測量麵團溫度
和「基本的長棍麵包」p.21～23 步驟5～12相同。

一次發酵

和「基本的長棍麵包」**p.24～25步驟13～16**相同。

整形

17

將麵團放上作業台

一次發酵完成後，以茶篩在麵團表面撒滿麵粉。切麵刀也撒上麵粉，插入麵團和容器的縫隙之間沿著容器翻動一圈，將麵團剝離容器。將容器倒過來，等麵團自然落在作業台上（參照**p.25步驟17**）。

18

調整形狀

指尖沾上手粉，將手指伸入麵團底下，從中央往四邊輕拉，將麵團拉成長方形。

19

加入堅果並將麵團折成三折

在麵團對側2/3的部分均勻撒上2/3分量的堅果，再由靠近身體這側往前捲成三折。

將麵團翻面，用手輕壓成橫長狀，並使堅果融入麵團中。

在麵團右側2/3部分均勻撒上剩下的堅果，從左側開始將麵團捲成三折。

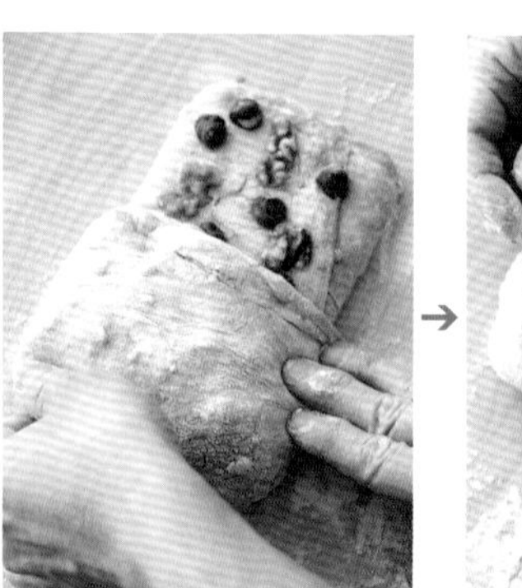

二次發酵

20

將麵團移到調理盤中

在調理盤中鋪上比調理盤面積大一圈的烘焙紙，將折好的麵團封口朝下放進調理盤中。

POINT

麵團放在室溫中，溫度升高的話會變得鬆弛不好操作，所以略過醒麵的步驟，直接進行二次發酵。從冰箱冷藏拿出的麵團，趁它還是冰的時候調整形狀再放入調理盤中。

21

進行二次發酵

蓋上塑膠布防止麵團乾燥，在室溫中靜置40～60分鐘左右，進行二次發酵。待麵團變大一圈就完成了。

切割刀痕

22

切出兩排箭羽狀的刀痕

以茶篩在麵團表面撒上一些麵粉，切出兩排箭羽狀的刀痕。首先，等間隔切出三條橫向的刀痕，接著在三條線的間隔之間分別斜切出6～7道羽毛狀的刀痕。

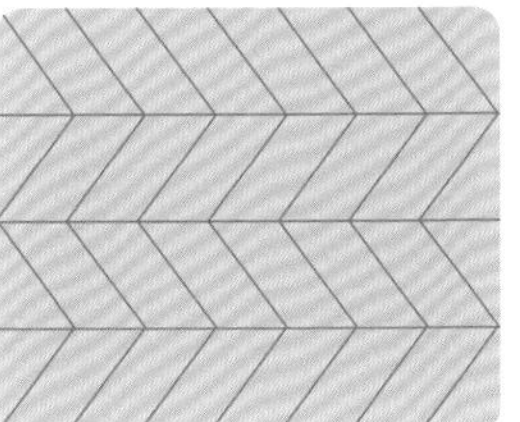

以箭羽為靈感的圖樣。

烘烤

23

噴霧

將放著調理盤的烤盤（沒有預熱）拿起，噴霧器稍微傾斜，斜斜地由下往上噴3～4次，讓水霧布滿麵團。

24

以250℃烘烤15分鐘，再以220℃烘烤10～15分鐘

放入預熱至280℃的烤箱中，再將烤箱溫度調至250℃，並設定蒸氣功能10分鐘，烘烤15分鐘。烤完之後，再將溫度設定為220℃，烘烤10～15分鐘。烤好之後馬上將麵包從調理盤中取出，放到冷卻架上放涼。

POINT

放在調理盤中冷卻的話，外皮會因為水蒸氣而變軟。

Lesson 6 Type 

長棍麵包的變化版本

綜合穀麥長棍麵包

使用的麵粉

日式 Slow Bread 〈Slow Bread Japanesque〉

在麵團中加入各種顆粒組成的綜合穀麥，作成裡外都飄散著香氣的長棍麵包。
讓刀痕充分的裂開，烤好的麵包才不會帶有穀物特有的乾貨味，
還能做出具有一口咬下會產生硬脆聲音的外皮和
愈是咀嚼味道就愈深厚的麵包芯的美味長棍麵包。

[detail]

刀痕充分裂開，外皮硬脆，
麵包芯中散布大大小小的氣孔

刀痕被充分向上膨脹的麵團撐開，外皮稍厚且偏硬。麵包芯中的薄膜呈縱向延展，裡面布滿了大小不一的氣孔，且質地濕潤。

材料（長約25cm 2條份）	分量	烘焙百分比
準高筋麵粉 日式 Slow Bread	200g	100%
綜合穀麥	30g	15%
鹽（海鹽）	3.8g	1.9%
速發乾酵母	0.5g	0.25%
麥芽精	1g	0.5%
水*（調整溫度，參照p.12）	150g	75%
（Contrex 礦泉水）	（30g）	（15%）
（自來水）	（120g）	（60%）
手粉	適量	

＊使用evian礦泉水的話，就替換全部的水量。

道具 和「基本的長棍麵包」相同（參照p.19）。

製作流程

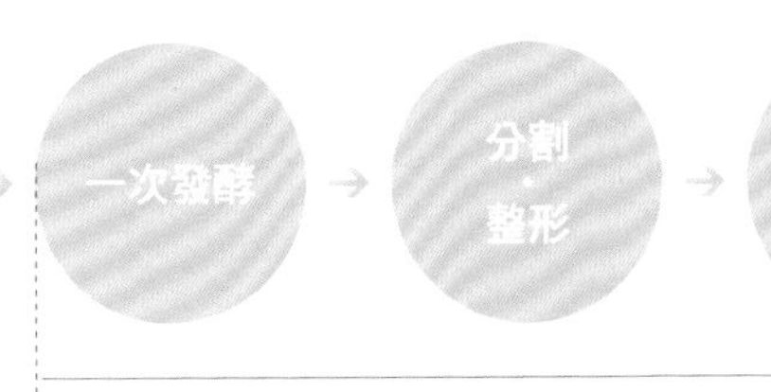

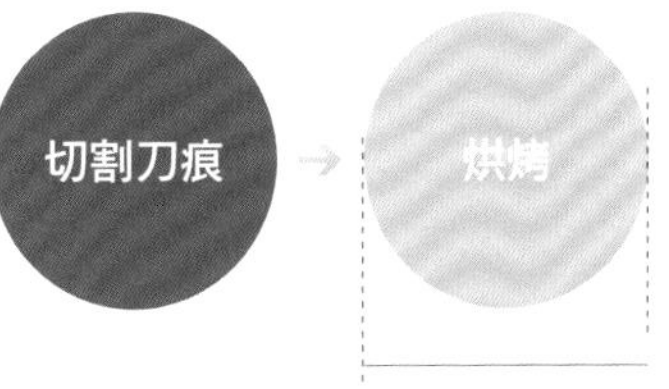

水合作用	30分鐘
攪拌完成溫度	18～22℃
醒麵	30分鐘
（麵團溫度18～22℃）	

和「基本的長棍麵包」**p.24～31 步驟13～29**相同。

和「基本的長棍麵包」**p.33步驟33～35**相同。

這裡不一樣！

揉麵

溶解麥芽精～溶解酵母
和「基本的長棍麵包」**p.20步驟1～3**相同。

4 加入麵粉

將麵粉及綜合穀麥放入盆中，以木匙攪拌使麵粉吸收水分。

綜合穀麥

將麵團揉成團～測量麵團溫度
和「基本的長棍麵包」**p.21～23步驟5～12**相同。

切割刀痕

將麵團移到烘焙紙上
和「基本的長棍麵包」**p.31步驟30**相同。

31 切兩道刀痕

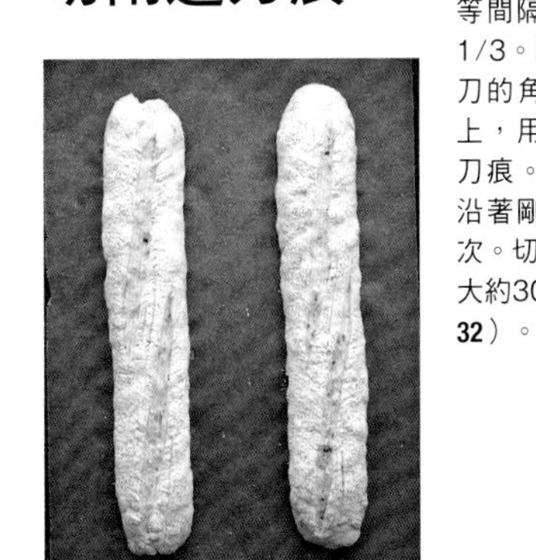

用切麵刀的邊角畫出刀痕的描線。先在正中央畫一條直線，再畫兩條橫跨中線的斜線，角度盡量保持水平，線和線之間等間隔平行，兩端大約重疊1/3。輕輕握住刀柄，將整形刀的角度稍微傾斜抵在麵團上，用全部刀刃一口氣切出刀痕。沒有切到的部分可以沿著剛剛下刀的方向再切一次。切好刀痕之後就這樣放著大約30秒（參照**p.32步驟31～32**）。

Lesson 6 – Type ④

長棍麵包的變化版本

鄉村麵包

使用的麵粉

北之香〈Kitanokaori〉

這款麵包名稱的原文「Rustique」在法文中是「鄉村風」的意思，
是以水分含量多的麵團分割後，直接進行二次發酵再烘烤成的簡單麵包。
作法和長棍麵包幾乎一樣，但是不需要整形，只要分割就可以了，能輕鬆地享受到製作歐式麵包的樂趣。
而且，可以品嚐到各式各樣的餡料也是鄉村麵包的魅力之一。
本書使用的是含水量高的北之香麵粉，
做出來的麵包外皮香脆，麵包芯相當水潤。

[detail]

外皮厚實且酥脆，刀痕漂亮地裂開，麵包芯濕潤綿密

外皮偏厚且酥脆，濕潤的麵包芯中充滿凹凹凸凸，大小不一的氣孔。刀痕邊緣銳利地豎起。

基本的鄉村麵包

黑橄欖＋培根

材料（4個份）	分量	烘焙百分比
高筋麵粉 北之香	200g	100%
鹽（海鹽）	3.7g	1.85%
速發乾酵母	0.4g	0.2%
麥芽精	1g	0.5%
水*（調整溫度，參照 p.12）	184g	92%
（Contrex 礦泉水）	（35g）	（17.5%）
（自來水）	（149g）	（74.5%）
內餡** 黑橄欖（無籽）	30g	
培根	30g	
手粉	適量	

＊使用evian礦泉水的話，就替換全部的水量。

＊＊黑橄欖切成5mm厚的圓片，培根切成1cm寬。

道具 和「基本的長棍麵包」相同（參照p.19）。

製作流程

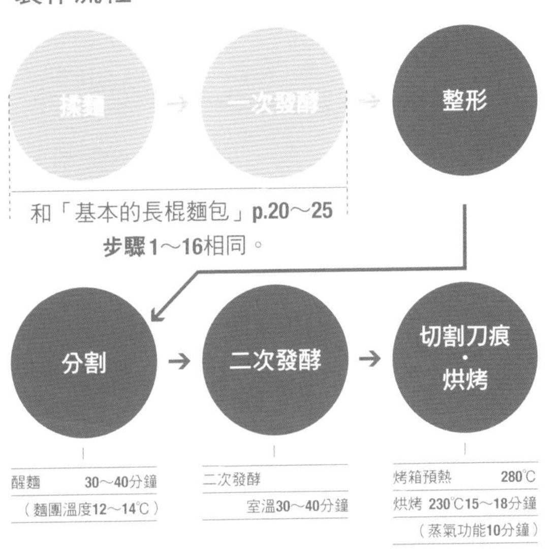

整形

17
將麵團放上作業台

用茶篩在完成一次發酵的麵團表面撒滿麵粉。切麵刀也撒上麵粉，插入麵團和容器的縫隙之間沿著容器翻動一圈，將麵團剝離。將容器倒過來，等麵團自然落在作業台上。

18
調整形狀

指尖沾上手粉，將手指伸入麵團底下，從中央往四邊輕拉，將麵團拉成正方形。

19
放上餡料後折疊麵團

將1/2分量的內餡均勻鋪在麵團上。

將四個角往中心折疊。

POINT

折疊麵團時動作要輕柔，不要擠壓，避免弄破氣泡。要溫柔並仔細的折疊麵團。

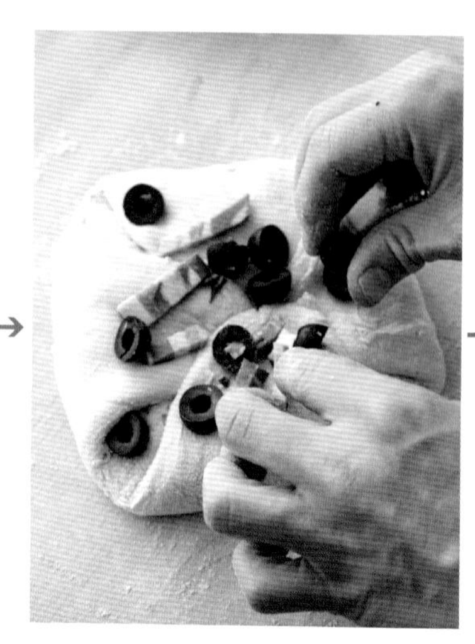

在折疊好的麵團上均勻鋪上剩下的餡料，再將四個角落往中心折疊。

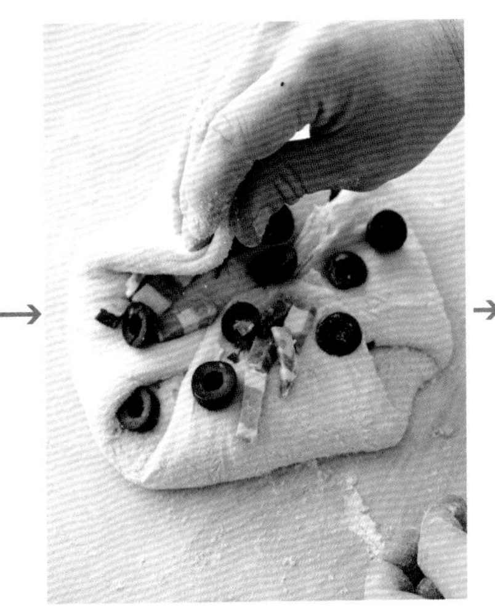

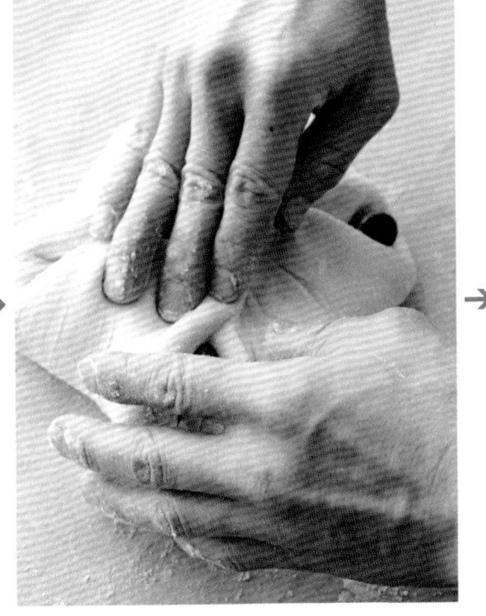

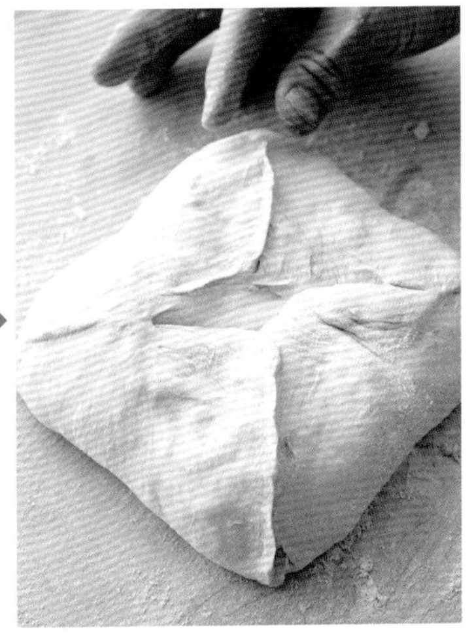

用手指將麵團的接合處捏住封緊。

POINT

麵團的封口沒有封緊的話，餡料會從裡面漏出來。

分割

20

將麵團移到發酵布上

將發酵布放在托盤上攤開，以茶篩撒上麵粉，將麵團封口朝上放在發酵布上。

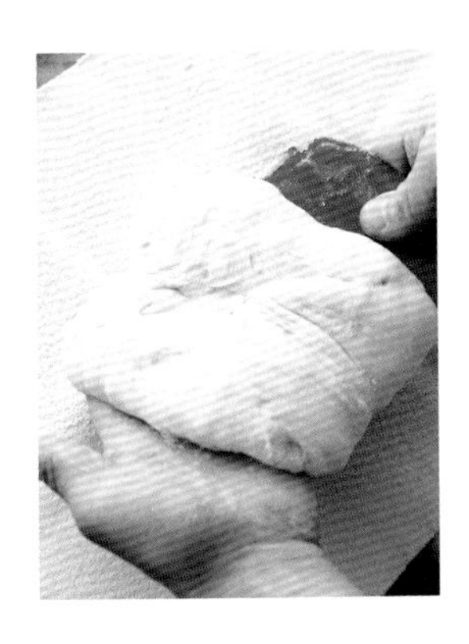

21

醒麵 30～40分鐘

輕輕地蓋上塑膠布（不要碰到麵團），在室溫中醒麵30～40分鐘。

22

將麵團翻面

拉起發酵布的邊緣，讓麵團慢慢地滾動翻面。

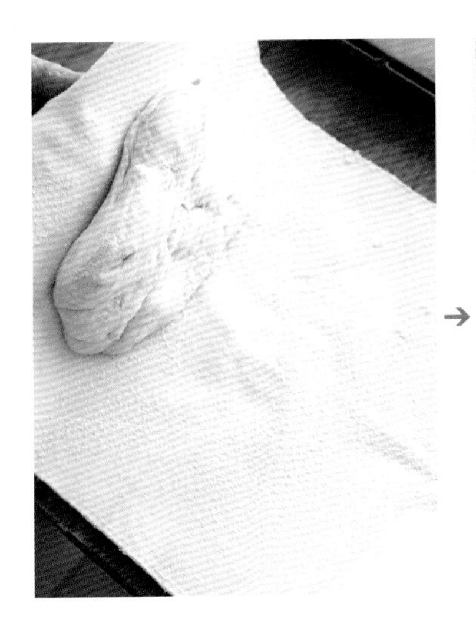

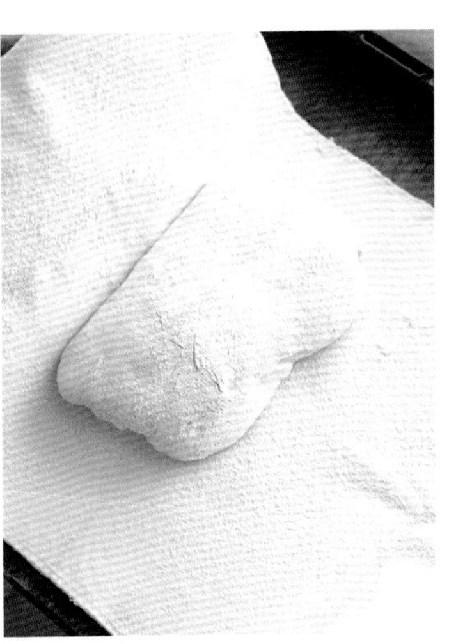

23

將麵團切割成四份

切麵刀沾上麵粉，將麵團切成四份。

POINT

不要像使用鋸子那樣前後拉扯，一口氣將切麵刀壓下，切斷麵團。

整形

24

在室溫中進行二次發酵

將烘焙紙鋪在烤盤（沒有預熱）上，用切麵刀將麵團移到烤盤上，蓋上塑膠布防止麵團乾燥，放在室溫中30～40分鐘進行二次發酵。待麵團變大一圈就完成了。

POINT

將杯狀模具放在烤盤的四個角落，這樣塑膠布才不會黏在麵團上。

切割刀痕

25

切一道刀痕

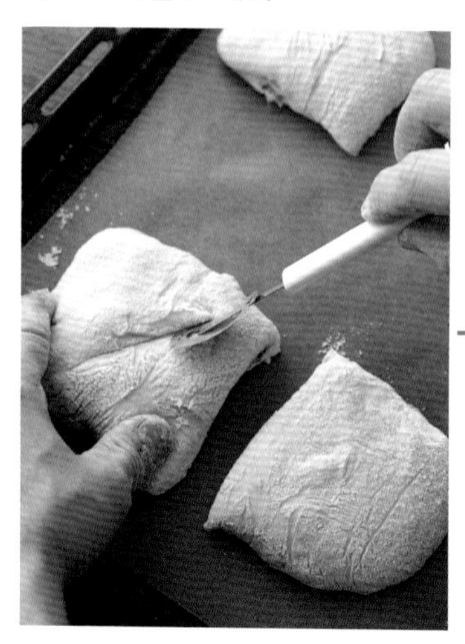

→

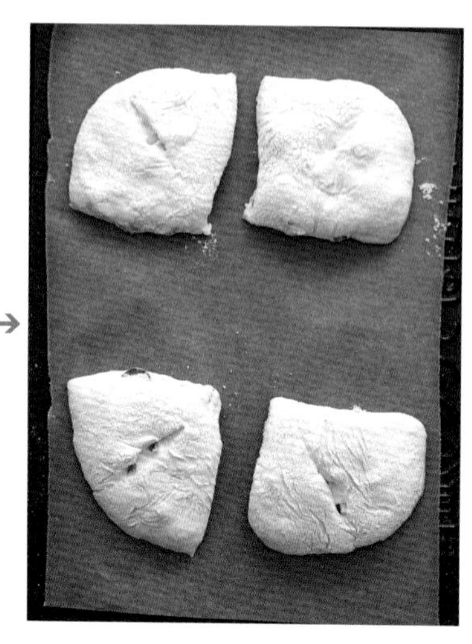

用茶篩在麵團上撒麵粉，再用整形刀切一道刀痕。就這樣靜置30秒左右。

POINT

輕輕地拿著整形刀，用全部刀刃一口氣切出刀痕。

烘烤

26

噴霧

將烤盤拿起來，讓噴霧器和烤盤拉開一段距離，由下往上斜斜地噴3～4次，讓水霧布滿麵團。

27

以230℃烘烤15～18分鐘

放入預熱至280℃的烤箱中，再將烤箱溫度調至230℃，並設定蒸氣功能10分鐘，烘烤15～18分鐘。

鄉村麵包的變化版本

風乾番茄
+
天然起司

材料（4個份）

和「基本的鄉村麵包」（黑橄欖+培根）一樣（參照p.89）。
不過內餡換成了風乾番茄30g及任一種喜歡的天然起司30g，並將其分別切成1～2cm丁狀。

作法和p.89～92「基本的鄉村麵包」（黑橄欖+培根）相同。

番薯乾
+
橘子乾

材料（4個份）

和「基本的鄉村麵包」（黑橄欖+培根）一樣（參照p.89）。
不過內餡換成了番薯乾30g及橘子乾30g，並將其分別切成1～2cm丁狀。

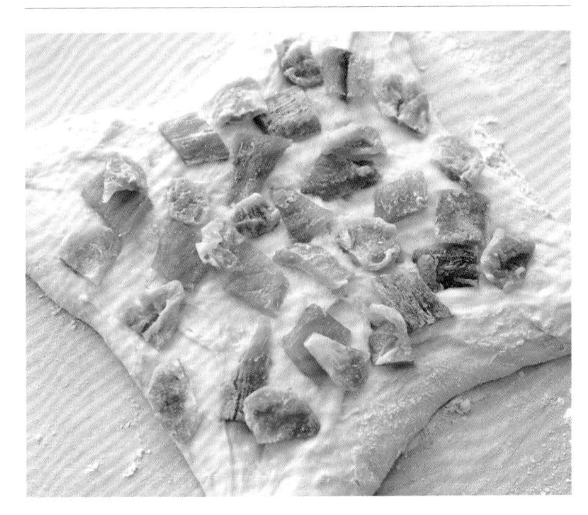

作法和p.89～92「基本的鄉村麵包」（黑橄欖+培根）相同。

column 4

製作長棍麵包Q&A

實際製作長棍麵包時，應該會有「為什麼會變成這樣呢？」
「這個步驟這樣可以嗎？」等許多疑問。
這裡統整了經常聽見的問題，一併回答。
希望各位在製作美麗的長棍麵包時能當作參考。

Q 為什麼麵團會沾黏在手、作業台和發酵布上呢？

A 因為手粉不夠。手上沒有確實地沾上手粉，作業台和發酵布上也沒有撒上足夠的麵粉的話，麵團就可能會因為拉扯而破裂。即使撒上太多麵粉，也只要用毛刷將多餘的麵粉刷除就可以了，撒粉應以不傷麵團為優先考量。

Q 麵團進行一次發酵時，要放進哪種保存容器中比較好呢？

A 平底、不高，且側面垂直不傾斜的盒子。不要用金屬、玻璃、珐瑯製品，最適合的材質是聚丙烯（塑膠）。由上往下變窄的容器在發酵中會產生過多麩質，使麵團增加不必要的筋性。此外，導熱性佳的材質放入蔬果室時，麵團會過冷，造成發酵不足的情況。像塑膠這種較不受冷氣影響的材質，比較適合放入蔬果室中發酵。容器不要太高的原因是，放在太高的容器中麵團和蓋子之間會有空間，使麵團表面變乾。容器高度的參考標準為麵團膨脹成2倍大時，快要碰到蓋子的高度。

Q 發酵中，麵團膨脹到黏在蓋子上了，怎麼辦？

A 發酵中的麵團因為壓縮狀態，所以筋性稍微變強沒有關係。不過，為了不讓麵團被扯破，可以慢慢地打開蓋子，讓麵團自然落下，或是用切麵刀等工具輔助，將麵團從蓋子上輕輕地剝下來。

Q 刀痕邊緣為什麼立不起來？

A 並不是邊緣立起來的才是好的長棍麵包，只要麵包上的刀痕均勻地裂開就可以了。邊緣能不能立起來其實和麵粉的特徵也有關係。還有，加水量愈少，刀痕就裂得愈大；反之，加水量愈多刀痕就愈不容易撐開。

Q 要以什麼為發酵完成的標準呢？

A 一次發酵可以以保存容器的高度為標準，到了指定時間時，從容器側面確認膨脹的高度。讓麵團充分發酵到接近蓋子的高度為止。
像長棍麵包這種成分單純的麵團，二次發酵時間可以比其他加入油脂和糖類等滋味豐富的麵團稍微早一點結束並開始烘烤，就能將麵包烤得恰到好處。與其用2倍大當作判斷標準，不如在麵團脹大了一圈，且稍微有點鬆弛時開始烘烤。不過，如果喜歡口感軟一點的長棍麵包，可以充分地進行二次發酵，烤出外皮輕盈酥脆，內芯鬆軟的麵包。

Q 為什麼烤好的麵包會從底部裂開？

A 以下為幾個可能的原因：

1 揉麵過度或不足都做不出延展性佳的麵團。
2 發酵不足。
3 蒸氣、噴霧過多或不足。過量的話水分會附著在刀痕中，其重量會使麵團黏在一起，刀痕就沒辦法裂開。另一方面，水分不足的話，麵團會在剛開始烘烤膨脹的過程中就乾掉，表面沒辦法順利延展就會裂開了。
4 烤箱預熱不足。每個烤箱都會有些微的差異，建議使用烤箱溫度計確認烤箱內正確的溫度。即使烤箱顯示預熱完成了，烤箱內的實際溫度可能還是偏低。如果是容量比較小的烤箱，可以在烤箱顯示預熱完成後繼續讓其運轉數分鐘，這樣烤箱內就能充分地完成預熱了。

在刀痕裂開前，麵團表面就被烤箱風扇的風吹乾的話，麵團內部雖然還會膨脹，表面卻沒辦法順利地膨脹，因此會扭曲變形（左），或是從底部裂開（右）。

Q 為什麼會烤出太硬的長棍麵包？

A 根據不同的麵粉，原因有可能是加水量太少或是烘烤時間太長。

Q 為什麼烤好的長棍麵包上的刀痕間橫帶會斷開？

A 麵團的延展性不佳或是線條之間間隔太近等，可能的原因有很多種。在使用烘烤膨脹效果佳的麵粉，或是發酵力增強等膨脹率較高的情況時，刀痕的長度如果沒有拉長，刀痕和刀痕之間重疊的部分沒有比1/3再長一點的話，刀痕之間的橫帶就會因此斷裂。

Q 為什麼麵包芯內無法形成大小不一的氣泡？

A 可能的原因是對使用的麵粉來說加水量太少，或是攪拌過度。雖然麵團需要一定程度的攪拌揉捏，但是揉捏過度的話麵包芯的質地會變細密。如果覺得氣泡的情況不如預期，可以在麵團中加鹽揉捏折疊的步驟中，不用折疊到指定的次數，而是參考「折疊到沒有鹽粒的感覺之後，繼續揉20次」，試著減少折疊的次數。

Q 外皮變得好厚。要怎麼樣才能烤出薄薄的外皮呢？

A 烤箱內預熱不足的話，不管烤多久都沒辦法上色，為了烤色而延長烘烤時間只會讓外皮變厚而已。還有，發酵過度使麵團中的糖分含量減少的話也是同樣的情況。這種時候，可以拍下麵團剛開始發酵的狀態，和發酵過程中的麵團進行客觀的比較。發酵會受到環境和溫度的影響，食譜上的時間充其量只是一個參考值。

Murayoshi Masayuki

麵包及甜點研究家。從糕點學校畢業後，曾經任職於甜點店、咖啡廳、餐廳，並於2009年成立了麵包及點心教室。以「在家做的所以更美味」為概念，著眼於日常生活中的「美味」，提出的都是可以反覆製作的簡單食譜，其貼心的課程受到不少好評。在雜誌及電視上也都有活躍的表現。對便利商店或連鎖店的麵包及點心也都非常了解。以「秘密的自由研究」為名，四處品嚐美食。著有《ホーローバットで作るとびきりスイーツ》（河出書房新社出版）、《用量杯和量匙就可以輕鬆做的美味麵包38款》（中文版由台灣東販出版）等作品。

日文版 STAFF

攝影　木村 拓（東京料理寫真）
美術指導　中村圭介（nakamuragraph）
設計　樋口万里・井本菜津子（nakamuragraph）
料理助手　今井 亮
校正　栖名布 京
構成・編輯・版型　関澤真紀子
企劃・編輯　川上裕子（成美堂出版編輯部）

協助攝影　Panasonic
http://panasonic.jp/range/
☎0120-878-694

國家圖書館出版品預行編目（CIP）資料

用家用烤箱做法國長棍麵包：外皮酥脆×內層鬆彈×零失敗 / Murayoshi Masayuki著；徐瑜芳譯. -- 初版. -- 臺北市：臺灣東販, 2017.10
96面；18.2×25.7公分
ISBN 978-986-475-476-2（平裝）

1.點心食譜 2.麵包

427.16　　106015808

外皮酥脆×內層鬆彈×零失敗
用家用烤箱做法國長棍麵包

2017年10月1日初版第一刷發行

著　　者　Murayoshi Masayuki
譯　　者　徐瑜芳
編　　輯　劉皓如
美術編輯　黃盈捷
發 行 人　齋木祥行
發 行 所　台灣東販股份有限公司
＜地址＞台北市南京東路4段130號2F-1
＜電話＞(02)2577-8878
＜傳真＞(02)2577-8896
＜網址＞http://www.tohan.com.tw
郵撥帳號　1405049-4
法律顧問　蕭雄淋律師
總 經 銷　聯合發行股份有限公司
＜電話＞(02)2917-8022
香港總代理　萬里機構出版有限公司
＜電話＞2564-7511
＜傳真＞2565-5539